árvores

A essência da vida em suas múltiplas formas

espécies • ecossistemas • florestamento • o equilíbrio do planeta

"Trees" foi publicado pela primeira vez na Grã-
-Bretanha e na Irlanda em 2011 pela Duncan Baird
Publishers Ltd., Sixth Floor, Castle House, 75-76
Wells Street, W1T 3QH Londres.

COORDENAÇÃO DO PROJETO: PUBLIFOLHA
Editora-assistente: Paula Dume
Coordenação de produção gráfica: Mariana Metidieri
Produção gráfica: Rodrigo Andrade

PRODUÇÃO EDITORIAL: EDITORA PÁGINA VIVA
Edição: Rosi Ribeiro
Tradução: Clara Allain
Consultoria técnica: J. Régis Guillaumon
(Engenheiro Agrônomo pela Esalq/USP)
Revisão: Luciane Helena Gomide e Pedro Ribeiro
Produção gráfica: Priscylla Cabral
Assistência de produção gráfica: Bianca Galante

EDIÇÃO DUNCAN BAIRD PUBLISHERS LTD.
Gerente editorial: Christopher Westhorp
Gerente de design: Suzanne Tuhrim

CRIAÇÃO DE OLO ÉDITIONS
Editorial e design: Nicolas Marçais e
Philippe Marchand
Consultor científico: Marc Rumelhart

Dados Internacionais de Catalogação na Publicação (CIP)
(Câmara Brasileira do Livro, SP, Brasil)

Lieutaghi, Pierre

Árvores / Pierre Lieutaghi; [tradução Clara Allain].
– São Paulo: Publifolha, 2012.

Título original: Trees.
ISBN 978-85-7914-372-4

1. Árvores 2. Árvores – Ecologia 3. Árvores
– Obras ilustradas I Título.
12-04345 CDD-582.16

Índices para catálogo sistemático:
1. Árvores : Botânica 582.16

Este livro segue as regras do Acordo
Ortográfico da Língua Portuguesa (1990),
em vigor desde 1º de janeiro de 2009.

Publifolha
Divisão de Publicações do Grupo Folha
Al. Barão de Limeira, 401, 6º andar
CEP 01202-900, São Paulo, SP
Tel.: (11) 3224-2186/2187/2197
www.publifolha.com.br

Impresso na Imago, China.

árvores

A essência da vida em suas múltiplas formas

espécies • ecossistemas • florestamento • o equilíbrio do planeta

PIERRE LIEUTAGHI

PUBLIFOLHA

/// PREFÁCIO

Apesar de ser de grande visibilidade e potencialmente útil, a árvore foi uma "intrusa" por muito tempo nas culturas ocidentais. Mesmo que, naturalmente, tenha tido lugar nos ambientes rurais, ela foi introduzida nas cidades em uma fase tardia. Apenas caçadores, lenhadores e carvoeiros penetravam as florestas selvagens e remotas do mundo – e, quando o faziam, temiam topar com ursos, lobos ou até mesmo bruxas ou duendes. Os habitantes das cidades talvez ainda relutem em se aventurar sozinhos em tais lugares selvagens.

No século XIX, pintores paisagistas começaram a enxergar as árvores como elementos esteticamente agradáveis a serem incluídos em seus quadros. Mais tarde, os impressionistas, cujas obras recriam o jogo de luz nas árvores, ajudaram a influenciar ainda mais os sentimentos modernos em relação à natureza. Mas foi somente no século XX que elas passaram a ser valorizadas como organismos vivos, dignos de atenção e respeito por si sós – sobretudo por sua vida longa, que em muitos casos se estende para além dos limites da memória humana. Apenas os insensatos ignoram a relação poderosa entre as árvores e o tempo.

A árvore não só é muito mais antiga que qualquer outra criação viva como também é consideravelmente alta. Ela se destaca, elevando-se de debaixo da terra para ir ao encontro da luz do sol. Ao emergir das profundezas ocultas e se erguer em direção ao céu, a árvore forma uma ponte simbólica sobre o vazio entre os extremos o que caracteriza uma parte extensa da experiência humana, vazio no qual a esperança contrasta com a perspectiva da morte e a abundância se choca com o nada. A imagem da árvore intervém entre esses polos opostos e ajuda a fomentar uma atitude mais calma, de maior aceitação das contradições da vida.

Em muitas das mitologias do mundo, diversas formas de vida, incluindo os seres humanos, nasceram de árvores, e através do conceito da Árvore do Mundo o próprio cosmos era visualizado como um ser vegetal. Independentemente desse passado imaginado, a ciência moderna reconhece que o destino delas desempenhará um papel crucial no futuro da nossa biosfera.

Mesmo nos dias de hoje, os estágios de expansão das florestas são muito conhecidos. Em qualquer solo com condições climáticas favoráveis, se não houver intervenção humana que impeça seu crescimento, as árvores proliferam para formar florestas permanentes – de fato, esse é o objetivo final da vida vegetal. Desde a taiga siberiana, com suas florestas dispersas contendo uma variedade limitada de espécies, passando pelas florestas mediterrâneas, cujas perenifólias são adaptadas aos verões secos, até as grandes florestas equatoriais úmidas, onde, às vezes, há mais de centenas de espécies de árvores por hectare, a vida vegetal na Terra idealmente evolui para se tornar floresta.

Marcadas pelos milhões de anos que moldaram sua diversidade e direcionaram as tendências florísticas, as florestas se adaptam a climas e solos, tornando-se mais complexas à medida que se aproximam do equador, região onde a vida vegetal é permanentemente, ou quase, ativa durante o ano todo. Uma vez bem implantada ao longo dos séculos, a cobertura arbórea evolui de acordo com os ciclos de vida da espécie dominante: mil anos no caso da floresta úmida temperada de grandes coníferas do noroeste americano; cerca de 500 anos no caso das árvores de folhas largas da Europa Central, lembrando que estas últimas foram demasiadamente modificadas pela atividade humana, restando poucos vestígios intactos.

A respiração das plantas foi demonstrada pela primeira vez no fim do século XVIII, e no início do século XIX o papel das florestas na proteção dos solos e na regulação dos sistemas hídricos já era bem conhecido (Platão já fizera alusão a isso). As fontes de água não nascem de raízes, como se pensava, mas é sabido que florestas extensas e maduras exercem influência inegável sobre a chuva e a circulação da água. Sabe-se que as árvores absorvem dióxido de carbono, ajudando com isso a contrabalançar as emissões prejudiciais desse gás decorrentes da atividade humana.

Os problemas ambientais finalmente se tornaram evidentes para todos nós. Contudo, por mais consciência do papel ecológico das florestas que tenhamos adquirido, e por mais atenção que dediquemos a algumas árvores em particular "de destaque" (lamentavelmente, não destinamos atenção igual ao plantio de novas árvores, o que protegeria nosso futuro), a maioria de nós, na sociedade ocidental moderna, tem pouco contato com ambientes de floresta. As forças destrutivas exercidas por nossa economia de mercado fazem com que hoje custe menos comprar uma janela feita de madeira dos trópicos que mandar fazer uma janela usando carvalho ou freixo obtido de nossas florestas, de modo sustentável.

A cobertura arbórea vem se reduzindo de modo dramático nas regiões tropicais. Em resposta a isso, o crescimento do manejo agroflorestal – em que a mesma terra é usada para a produção agrícola e a silvicultura – vem proporcionando benefícios sociais e ecológicos. As economias com florestas temperadas com árvores de folhas largas, incluindo as da Europa, deveriam se inspirar nessa prática e procurar administrar a floresta "a partir de suas características intrínsecas", como um ambiente vivo, e não "a partir de um olhar externo", como um "pulmão verde" abstrato que deve cuidar de si mesmo. Depois de ter sido vista como uma "intrusa" obediente, que estava ali para ser explorada, a árvore finalmente ganhou o status de parceira, com necessidades próprias que precisam ser levadas em conta. O futuro das florestas não será decidido à distância – ele exige um engajamento da humanidade como um todo.

Existem muitos livros que tratam da vida das árvores e das florestas em detalhes. Este, ao contrário, se debruça sobre o poder e a beleza das árvores, com fotos deslumbrantes acompanhadas de pequenas descrições, que explicam ou comentam a imagem. Os dois enfoques têm como objetivo destacar a singularidade das árvores com a sua incrível variedade, além de provocar deslumbramento e incentivar o leitor a refletir sobre a urgência da conservação, levando-nos com isso a repensar o modo como fazemos uso da natureza.

As árvores, esses robustos pilares da vida, representam um mundo que ainda está distante de muitos de nós, mas que, não obstante, é mais essencial para nosso bem-estar do que foi no passado, apesar de tudo. O fato de o papel sobre o qual foram reproduzidas estas palavras e imagens ser derivado da celulose de madeira constitui um lembrete apropriado do papel fundamental que a árvore desempenha, desde seus primórdios, na magnífica e perigosa aventura da humanidade.

Pierre Lieutaghi

Sumário

joias

verdes

joias verdes 1

O embrião da árvore, assim como o de qualquer planta, contém um plano de desenvolvimento que lhe permitirá crescer tanto debaixo da terra como no ar, desenvolvendo-se e desdobrando-se em ramos. Seu crescimento para o alto é assegurado por células concentradas em nas gemas e nas terminações das raízes, e sua capacidade de fazer brotar ramos é infinita, o que significa que esse processo continua ao longo de todo o seu ciclo de vida.

Mas o que possibilitou à árvore ganhar altura superior à de todas as outras plantas foi o sistema de acúmulo, responsável pelo aumento de sua espessura: a madeira. Com ela, a árvore não conta apenas com um esqueleto mas possui a rede viva de uma gigantesca fábrica de energia. Há os vasos xilemáticos, que trazem água e minerais das raízes; os vasos floemáticos trasportam nutrientes orgânicos líquidos de volta das folhas, e um sistema de transporte que promove a circulação dessas seivas.

O tronco se expande e, perto de sua camada externa, sob a casca, a árvore engrossa por meio de uma fina camada de células que se desenvolvem, acrescentando a ela um anel de madeira a cada ano. A capacidade de suportar a carga da árvore se deve a seu tronco, cujo diâmetro é condizente com a expansão do topo da árvore (a copa) e das raízes.

Com sua programação magnífica, a árvore parece reproduzir-se interminavelmente. Quando surge um galho, na realidade não passa de uma árvore nascendo a partir de outra – um novo "filhote" enxertado na mãe, a original reproduzindo-se e restaurando a juventude do todo.

anatomia da árvore

///

A árvore é composta de três partes distintas, porém contínuas, e cada uma delas exerce um papel específico na manutenção da vida dela e das trocas com o meio ambiente: as raízes a ancoram na terra, o tronco é um canal entre a terra e o céu, e a copa – os ramos, as folhas, as flores e os frutos – se abre ao alto para o ar. A árvore assume uma variedade de formas e cresce em maior ou menor grau dependendo de sua espécie, do clima e da natureza do solo em que se encontra. Uma árvore se distingue de outras plantas por seu volume, folhagem, densidade e altura (de modo geral, consideram-se árvores apenas indivíduos com altura superior a 5-7m depois de totalmente desenvolvidos).

Os primeiros exemplos de vida arbórea surgiram na Terra há cerca de 370 milhões de anos. Esses fetos arborescentes – um gênero chamado *Archaeopteris* – alcançavam 20-30m de altura. Quando os fetos arborescentes se espalharam, formando florestas, o oxigênio que liberaram transformou a atmosfera, favorecendo o desenvolvimento da vida animal. Em seguida, vieram as coníferas, no início da Era Secundária (ou Mesozoica), cerca de 230 milhões de anos atrás, seguidas pelas de madeira dura.

As árvores são como joias verdes cravadas no solo, que fornecem tanto vestígios do passado quanto formas de vida aparentemente eternas. São dotadas de recordes impressionantes de crescimento e de longevidade que ultrapassam os do reino animal, se comparadas.

AS ÁRVORES SE COMUNICAM UMAS COM AS OUTRAS. QUANDO SUBMETIDAS A ATAQUES (SEJA DE GNUS VORAZES OU DE UMA INVASÃO DE LAGARTAS), ELAS SECRETAM ETILENO, QUE ELEVA SUA PRODUÇÃO DE TANINOS E TORNA SUAS FOLHAS INCOMESTÍVEIS. CARREGADA PELO VENTO, ESSA SUBSTÂNCIA GASOSA ATUA COMO AVISO ÀS ÁRVORES VIZINHAS, GERANDO NELAS A MESMA REAÇÃO QUÍMICA, ANTES MESMO DE ELAS SOFREREM O PERIGO DIRETAMENTE.

///

Os famosos "baobás-amorosos" de Morondava, em Madagascar, exibem seu abraço surpreendente; sua fama é de dar sorte aos casais que vêm se abraçar debaixo deles. Existem no mundo oito espécies de baobá, seis das quais são nativas de Madagascar.

raízes que nutrem

As raízes ancoram e sustentam a vida da árvore, garantindo a estabilidade dela e provendo-a de sais minerais e água. A árvore absorve esses nutrientes por meio da "bomba" gigantesca formada por seus vasos xilemáticos, vasos floemáticos e rede de raízes: dos rizoides até as radicelas e das raízes secundárias até as principais, as raízes utilizam suas membranas finas para absorver do solo a menor umidade encontrada, que é bombeada para cima pelo tronco em direção aos ramos e folhas. As raízes da maior parte das árvores são compostas de uma massa semelhante à dos ramos, mas que é disposta de modo diferente. De acordo com a crença popular, elas penetram fundo na terra porque buscam escapar da luz e são atraídas pela água. Mas, embora as raízes de algumas árvores possam descer para profundidades até três vezes superiores à altura da árvore que sustentam, outras – como as das fantásticas figueiras da ilha Norfolk, no oceano Pacífico – começam com um "colo alto" de drapeados longos que se estende majestosamente acima da superfície.

troncos e ramos

Perfeitamente vertical e forte, o papel principal do tronco é dar sustentação às partes altas da árvore. O alburno, situado entre o cerne e a casca, ganha um novo anel de madeira a cada ano, enquanto a casca se torna mais espessa, aumentando gradualmente a circunferência do tronco (é possível datar a madeira analisando os anéis de crescimento). O tronco se liga às raízes no colo e deixa de ser tronco no nível em que crescem os galhos maiores. As partes aéreas da árvore (à esquerda), desde os galhos grandes até os secundários e os ramos menores, abrem-se livremente no espaço, expondo sua folhagem ao Sol, ao vento e à chuva. Enquanto algumas árvores se elevam verticalmente, erguendo-se muito acima da paisagem que as cerca, há outras que se estendem horizontalmente. Os eucaliptos na ilha Phillip, na Austrália (pp. seguintes) elevam suas folhagens mais ou menos 10m acima do chão, e seus ramos parecem respeitar uns aos outros (esse fenômeno, em que ficam espaços entre as copas das árvores, é conhecido entre botânicos tropicais como "timidez das copas").

casca Ela pode ser comparada à pele da árvore, e, com o tempo – e de acordo com cada espécie –, assume formas e texturas diferentes: lisa, estriada, encaroçada, cheia de nós ou descascada. A casca, que protege a árvore da chuva e do Sol, dos extremos de temperatura e de doenças, varia de densidade e espessura conforme a idade da árvore. Uma espécie de tecido morto recobre os vasos xilemáticos e floemáticos através dos quais circulam as seivas que dão vida à árvore. A casca pode ser branca, acinzentada,

amarela, verde, vermelha, castanha, negra ou matizada; ela é impermeável à água, mas ao mesmo tempo é penetrada por milhões de minúsculos poros através dos quais o oxigênio do ar pode chegar até as células vivas da árvore. Quer seja um plátano, o eucalipto--da-tasmânia, a bétula *(Betula lenta)* (p. ao lado, no alto, à direita; abaixo, à esquerda; e abaixo, à direita, respectivamente), ou ainda o eucalipto (acima e ao lado no alto, à esquerda), a paleta de cores das cascas de árvore é um deleite para os olhos.

folhas O milagre das folhas (acima, a folhagem singular de um bordo japonês) está na fotossíntese. As folhas devem sua cor verde à clorofila, o equivalente vegetal à nossa hemoglobina. Sob o efeito da luz, os pigmentos de clorofila contidos nelas capturam o dióxido de carbono do ar e extraem dele o carbono. Combinado com a água do solo, ele se converte em glicose, enquanto o oxigênio é liberado de volta na atmosfera. Ao fazê-lo, essas minúsculas usinas energéticas transformam a seiva bruta que se elevou das

das raízes para as folhas em seiva elaborada, que é essencial para o crescimento da árvore, e, ao mesmo tempo, produzem ar fresco ao ambiente. No outono, pelo fato de haver menos sol, a clorofila das árvores decíduas desaparece, levando as folhas a mudar de cor. Privadas de alimento, as folhas secam, caem no chão e morrem.

flores e frutos

As flores são os órgãos sexuais da árvore, responsáveis pela sua reprodução. Elas desabrocham repentinamente nos ramos e, com frequência, ficam dispostas em agrupamentos conhecidos como inflorescências. A atuação é crucial. Como a árvore é estática, precisa de transportadores (insetos ou o vento) para que os genes masculinos (contidos nos grãos de pólen) e os femininos possam se encontrar. A trajetória pode ser longa ou curta, e vai depender se o estame (o órgão masculino) e o pistilo (o feminino) estarem dispostos em flores de árvores diferentes, da própria ou até na mesma flor (se ela for hermafrodita). Quando tudo isso corre normalmente, o pistilo cresce, amadurece e é transformado em um fruto, que contém sementes – óvulos fertilizados que são então dispersos por animais (através dos pelos ou de suas fezes), pelo vento ou pela água.

As flores destas macieiras (à esquerda) estão exalando vida e trazem a promessa de prazeres que ainda estão por vir.

um ser vivo

///

Assim como um ser humano, uma árvore nasce, vive e morre. Ela respira, se alimenta, cresce e se reproduz. Suas raízes se fixam no solo, de modo que ela possa absorver água e diversos minerais e armazenar nutrientes. A água e os nutrientes circulam pela parte externa do tronco, sob a casca, e o próprio tronco os impulsiona aos ramos tão alto quanto seja preciso para alcançarem a luz. As folhas de uma árvore captam não apenas o calor da luz solar, o dióxido de carbono e a umidade do ar, mas também minerais diversos como fósforo, potássio, magnésio e ferro. Também é fornecido nitrogênio – pela decomposição de matéria orgânica nas camadas superiores do solo. Surpreendentemente, 90% de suas necessidades nutricionais são supridas pelo ar, e apenas 10% pelo solo. O ritmo e a intensidade do crescimento de uma árvore dependem da espécie, da idade e da qualidade do solo em que ela cresce, além das condições climáticas e ambientais. A mesma árvore pode se desenvolver verticalmente quando situada em uma floresta densa, mas desenvolve-se para os lados, aumentando assim tanto sua circunferência quanto sua altura, se crescer isolada no meio de um campo aberto. É importante, também, observar que as árvores de crescimento rápido possuem um tempo de vida médio mais curto que o das de crescimento mais lento.

NA PREPARAÇÃO PARA O PERÍODO DE DESCANSO DA ÁRVORE, FORMAM-SE GEMAS NAS EXTREMIDADES DOS GALHOS DESNUDOS. ARREDONDADAS OU PONTIAGUDAS, LISAS OU CARNOSAS, EM GRAU MAIOR OU MENOR, AS GEMAS MUITAS VEZES SÃO LIGEIRAMENTE PEGAJOSAS. ELAS ENTUMECEM E SE ABREM SOB O SOL DA PRIMAVERA, E ENTÃO UM NOVO PECÍOLO, UMA FOLHA EM MINIATURA, ÀS VEZES UM MINÚSCULO BOTÃO FLORAL QUE SE FORMOU NO VERÃO ANTERIOR, DESABROCHA E CRESCE – UM SURGIMENTO QUE ANUNCIA O INÍCIO DE UM NOVO CICLO DE VIDA.

///

Verdes, macias e recobertas por uma suave penugem, gemas (à esquerda) de um castanheiro desabrocham sob o clima da primavera, assinalando o fim do período de dormência do inverno. Elas se tornarão os novos brotos do ano.

crescimento

Mais e mais alto... Poucos organismos vivos continuam a crescer ao longo da vida. As árvores, é claro, crescem em ritmos diferentes, dependendo da idade: se são novas, adultas ou velhas e veneráveis. Na verdade, enquanto suas folhas absorverem luz e suas raízes bombearem água, elas crescerão incansavelmente. É tentador atribuir esse crescimento prodigioso ao tronco, cujos anéis concêntricos revelam a existência de segmentos que se encaixam e possibilitam à árvore alongar-se como um gigantesco mastro telescópico. Embora a ideia seja sedutora, é totalmente equivocada: uma árvore sempre cresce por suas extremidades – os ramos e as raízes –, e não pelo tronco. Nas regiões temperadas, qualquer aumento de altura ocorre principalmente na primavera, e o diâmetro do tronco se expande no verão. Nas regiões tropicais, elas se desenvolvem ao longo do ano inteiro. Estas sequoias sempre-verdes (à esquerda) na América do Norte parecem tocar o céu, e são um exemplo impressionante do crescimento arbóreo.

reprodução

Um inseto voador embriagado pelo penoso trabalho da primavera (à esquerda) e recoberto de pólen está ajudando a promover a reprodução sexuada da árvore. A disseminação dos óvulos fertilizados vai acontecer mais tarde, entre a primavera e o outono, dependendo da espécie, e cada semente que amadurece contém os rudimentos das raízes, do caule e das folhas. Mas existe outro meio de reprodução, conhecido como "vegetativo", que é semelhante à clonagem: em contato com o solo, os galhos inferiores de algumas árvores desenvolvem raízes e dão origem a um novo indivíduo, um mergulhão, que possui potencial idêntico ao da árvore original. Às vezes, uma gema sobre uma raiz se abre, formando um broto que aproveita a nutrição da árvore para crescer rapidamente; os álamos são conhecidos por essa característica. E, quando algum trauma (provocado por um raio ou uma serra elétrica, por exemplo) põe fim à vida de uma árvore, brotos podem aparecer nos cepos, na base do tronco mutilado. A maioria das árvores de folhas largas – sobretudo o castanheiro, a tília e o carpino – possui essa capacidade de regeneração.

longevidade

As árvores estão entre os habitantes mais longevos da Terra e nenhuma delas vive mais tempo que o baobá africano, capaz de sobreviver por até 5 mil anos. Nas regiões temperadas, os pinheiros detêm os recordes de longevidade. Este pinheiro da espécie *Pinus longaeva* (à esquerda), com suas pinhas espinhosas, tem 4.700 anos e vive numa altitude de 3 mil m no leste da Califórnia. Ele recebeu o apelido de "Matusalém". É possível que seu título tenha sido roubado recentemente por um abeto--falso, na Suécia. Mas isso não está claro, pois, embora a análise dendrocronológica da madeira da base comprove que a raiz tenha 9.550 anos de idade, alguns especialistas acreditam que é mais provável que ela seja um clone mais jovem nascido de uma árvore-mãe que já morreu.

o fim da vida

As árvores raramente morrem de velhice. Em vez disso, doenças, insetos e parasitas, mau tempo e catástrofes naturais são importantes causas da mortalidade. Embora sejamos dependentes das árvores tanto pelo ar que respiramos quanto pelos nossos móveis ou ainda como combustível de um fogo reconfortante, nós, humanos, as colocamos em risco com a superexploração das florestas do planeta. Árvores urbanas podem tornar-se vítimas da poluição provocada pelo homem, mas

também florestas inteiras podem sucumbir devido a causas naturais. Estas acácias (*Acácia erioloba*) no deserto da Namíbia (acima) parecem fósseis. Cerca de 900 anos atrás esse local, antes florescente, era alimentado por um rio, mas o clima secou e as dunas interromperam o acesso às águas. A seca prolongada foi pouco a pouco matando as árvores, e o clima se tornou seco demais para que elas se decompusessem, deixando-as como monumentos expostos aos efeitos das mudanças climáticas.

incêndios

Os incêndios são essenciais para o processo de regeneração natural de muitas florestas. O fogo ajuda a eliminar folhas e madeiras mortas, enquanto as cinzas resultantes fornecem minerais necessários para o crescimento da vegetação. Porém, muitos ecossistemas sofrem com incêndios florestais frequentes, e com isso não há tempo para a floresta se regenerar. Na ilha de Havaí (à esquerda), as áreas com florestas frequentemente ardem devido aos derrames de lava quando o vulcão Kilauea entra em erupção e destrói completamente as árvores em poucas horas. Incêndios florestais afetam o clima das regiões em que ocorrem, levando a picos de poluição e de emissão de gases de efeito estufa, contribuindo para o desmatamento e a erosão do solo.

Apenas no ano 2000, cerca de 350 milhões de hectares de florestas em todo o mundo foram destruídos pelo fogo. Oitenta por cento das áreas atingidas estavam na África subsaariana e na Austrália.

A cada ano, 0,3% da área de floresta do mundo é destruída pelo fogo, e em cerca de nove de cada dez casos há envolvimento humano direta ou indiretamente.

Um dos incêndios mais sérios dos últimos tempos ocorreu na Austrália em fevereiro de 2009. Mais de 3.500 edificações foram destruídas.

ces de es

milhares de espécies 2

Na época em que a botânica não passava de uma disciplina subordinada à medicina e à farmácia, as classificações eram um tanto quanto arbitrárias, e as pessoas não hesitavam em deixar de relacionar certos tipos de plantas, conforme são classificados hoje.

No século XVIII, o sueco Carlos Lineu idealizou um sistema universal de classificação de organismos, que levou a uma divisão em agrupamentos taxonômicos de reino, filo ou divisão, classe, ordem, família, gênero e espécie – seguidos, no caso do reino vegetal, pelos cultivares e variedades, definidas pelos números de pistilos e estames da planta (órgãos sexuais). Em sua obra de 1753 *Species Plantarum* (As espécies de plantas), Lineu aplicou seu sistema de nomenclatura binominal a milhares de plantas, e ele continua em uso até hoje. A primeira metade do nome é o gênero, que é dado em latim

(*Prunus, Quercus* e assim por diante). A segunda metade, também em latim, é o nome da espécie, para indicar especificidade; assim, o salgueiro-chorão (do gênero *Salix*), recebeu de Lineu o nome da espécie de *babylonica*, em uma alusão aos judeus que choravam quando estavam exilados na Mesopotâmia e vinham rezar sob a árvore. As plantas que produzem sementes são divididas entre gimnospermas e angiospermas. As sementes das gimnospermas (cujo nome vem de "sementes nuas", em grego) se formam fora do óvulo, como ocorre com as *Cycadaceae* e as *Coniferae*. As das angiospermas ("sementes receptáculos") formam-se no interior do óvulo ou fruta – uma classificação ampla disposta em oito grupos, que incluem as *Monocotyledonae* e as *Eudicotyledonae*. A maioria das árvores de folhas largas é formada por angiospermas.

coníferas

///

As coníferas, cujo nome significa literalmente "portadoras de cones", surgiram na Terra há 200 milhões de anos. Elas pertencem à categoria das gimnospermas, plantas com sementes "nuas", e, no caso das coníferas, as sementes se aninham dentro dos cones, que se abrem no momento da polinização e da disseminação. A folhagem das coníferas em geral é persistente e é composta de acículas ou de escamas minúsculas dispostas em ramos. Essas árvores possuem índices de transpiração muito baixos, comparados aos das folhas largas, fato que lhes possibilita sobreviver em climas frios e solos áridos. Elas secretam uma substância pegajosa, antisséptica e curativa, conhecida como resina.

A araucária, o cedro (cedar), o cipreste, o abeto-falso, o zimbro, o teixo, o lárix, o pinheiro, o abeto, a sequoia e a tuia pertencem à ordem das coníferas, ou árvores resinosas, que abrangem mais de 600 espécies divididas em sete famílias. As coníferas se adaptam aos climas temperados, tropicais e subtropicais e, especialmente, aos circumpolares. Assim, a floresta boreal, ou taiga, forma um anel verde com mais de 16 milhões de km² de superfície, interrompido apenas pelo Estreito de Bering e pelo oceano Atlântico. Composta, principalmente, de pinheiros e abetos-falsos resistentes à geada, a taiga é a maior floresta do mundo e forma um complemento magnífico ao show de luzes coloridas da aurora boreal (pp. seguintes).

CELEBRADA NA CANÇÃO NATALINA ALEMÃ "TANNENBAUM", A ÁRVORE DE NATAL É, DE MODO GERAL, UM ABETO-FALSO OU UM ABETO-DE-NORDMAN. O CANADÁ E A DINAMARCA SÃO OS MAIORES PRODUTORES DA MALFADADA ÁRVORE, DESTINADA A SER ARRANCADA DA TERRA ANTES DE CHEGAR AOS 10 ANOS DE IDADE E TERMINAR NOS CANTOS DE FESTIVAS SALAS DE JANTAR, ENFEITADA COM BOLAS PRATEADAS E ADORNOS CINTILANTES, ANTES DE SUAS ACÍCULAS CAÍREM.

///

Suas copas ficam ao Sol durante o ano inteiro, seus pés são protegidos por um espesso tapete de acículas, e seus galhos se dobram sem quebrar: quer sejam silvestres ou cultivados, os abetos são extremamente resistentes.

pinheiros

O pinheiro, uma árvore sempre-verde com acículas persistentes agrupadas em conjuntos de duas, três ou cinco, é símbolo do habitat conífero. Os cones dos pinheiros, cheios de sementes, são visíveis a partir do outono, quando as escamas já ficaram marrons. A família dos pinheiros é numerosa, com grande gama de espécies particulares: o pinheiro-da-escócia, o pinheiro-bravo, o pinheiro-sombrinha, o pinheiro-negro, o pinheiro-vermelho entre outros que trazem o nome do lugar de origem (Monterey, do Himalaia, da Córsega etc.), alguns gigantes e outros anões. O pinho é usado na marcenaria, em pisos e móveis e na produção de polpa de celulose. A seiva e as gemas do pinheiro são usadas como ingredientes em muitos xaropes e pastilhas contra a tosse. Sua resina é convertida em cola, breu, terebintina e verniz. A cor verde persistente dos pinheiros confere vida aos jardins o ano inteiro. Será o pinheiro o melhor amigo do homem? Erguendo-se de uma fenda na rocha sobre um pico da cordilheira de Huangshan, na província chinesa de Anhui, com tronco comprido e esguio e copa achatada, ele (à esquerda) sobrevive, majestoso, totalmente exposto.

sequoias Com frequência, notamos que tudo nos Estados Unidos exibe escala gigantesca – e, a julgar pela subfamília americana das *Sequoioideae*, a tradição do grande porte remete a 2.700 anos. A maior árvore do mundo é uma sequoia-gigante *(Sequoiadendron)*, encontrada unicamente na serra Nevada. A árvore, situada no que é hoje o Parque Nacional da Sequoia (acima), foi batizada de "General Sherman" em 1879 pelo botânico que a descobriu e que havia combatido sob o comando de Sherman durante a Guerra Civil Americana.

Suas medidas são espantosas: 83,8m de altura e mais de 31m de circunferência ao nível do solo. O volume do seu tronco é estimado em mais de 1.487m – o suficiente para produzir 5 bilhões de palitos de fósforos! A árvore mais alta do mundo é uma sequoia vermelha *(Sequoia sempervirens)* encontrada em 2006 no Parque Nacional Redwood, que se estende pela costa norte da Califórnia. Conhecido como "Hyperion", esse exemplar tem pouco mais de 115,6m de altura e supera a Estátua da Liberdade, que mede 83m.

ciprestes--calvos

Os ciprestes da Louisiana (à esquerda) são denominados "calvos" porque sua folhagem decídua – composta de acículas curtas, planas, macias e verde-claras – fica dourada e depois vermelho vivo no outono, antes de cair no inverno, com o ramo que a sustentava. Os ciprestes-calvos são originários do sudeste dos Estados Unidos. Essas coníferas de crescimento lento vivem entre 300 e 500 anos e gostam de ter seus pés na água, vivendo em terrenos pantanosos ou em terras alagadas durante vários meses por ano, fato ao qual devem seu outro nome: pinheiro-do-brejo. Sua base, por vezes dilatada, lhes confere uma aparência reconhecível, que se acentua por suas raízes, as quais lançam longas protuberâncias fibrosas projetadas para o alto. Essas estruturas singulares e intrigantes são conhecidas como pneumatóforos e cada uma pode chegar a 1 m de altura. É possível que essas protuberâncias forneçam oxigênio e/ou ajudem a filtrar impurezas da água subterrânea, mas seu papel ainda é um enigma. A madeira desse cipreste é dura e não se decompõe, razão pela qual é muito procurada para uso em construções.

árvores de folhas largas

///

As árvores de folhas largas fazem parte da categoria das angiospermas, plantas cujas sementes ficam contidas nos ovários que fazem parte do pistilo da flor. As próprias flores podem ser femininas ou hermafroditas. Quando ocorre a polinização, o pólen liberado pelos estames é depositado sobre o estigma e, através do estilete, penetra até o ovário, onde estão os óvulos. Em seguida, os óvulos se convertem em sementes, e o ovário fertilizado torna-se a fruta. A semente, então, contém a árvore embrionária, com os dois cotilédones, ou primeiras folhas, que são típicos das árvores de folhas largas. Isso as diferencia das *Gramineae* e *Liliaceae*, que possuem apenas um cotilédone.

Nos climas temperados, as árvores de folhas largas lançam folhas novas a cada primavera. Uma árvore é reconhecida mais facilmente por suas folhas, que são programadas para assimilar a clorofila. As chamadas "decíduas" morrem com a chegada do outono, e as "perenes" vivem por vários anos. Em geral, finas e planas, elas podem ser simples ou compostas, lisas ou variegadas, e assim por diante. As árvores de folhas chatas surgiram no planeta 100 milhões de anos após as coníferas, mas hoje formam a maioria e possuem um número superior de famílias. Pelo fato de as árvores de folhas largas transpirarem mais que as coníferas, elas exercem efeito considerável sobre a umidade e a qualidade do ar.

PRODUZIR FOLHAS NOVAS E PERDER AS VELHAS FAZ PARTE DO CICLO DE VIDA DAS ÁRVORES DE FOLHAS LARGAS. OS RAMOS NUS DO INVERNO DESAPARECEM DA VISTA SOB A FOLHAGEM ABUNDANTE DO VERÃO. AS GEMAS DA PRIMAVERA CONTÊM A ESTRUTURA EM MINIATURA DAS NOVAS FOLHAS DO ANO. NESSE MOMENTO, A FOLHA FORMA UMA CAMADA DE ABSCISÃO ENTRE O PECÍOLO E O CAULE. A CAMADA DE ABSCISÃO – O TERMO VEM DE "CORTAR FORA" EM LATIM – É O PONTO EM QUE AS CÉLULAS DA PLANTA VÃO SE SEPARAR NO OUTONO, POSSIBILITANDO À FOLHA DESLIGAR-SE E CAIR AO CHÃO, SEM PREJUDICAR A ÁRVORE.

///

Nas zonas temperadas, as árvores de folhas largas são encontradas com mais frequência em florestas mistas. Aqui, o carpino e o sicômoro *(Acer pseudoplatanus)* dividem espaço com o carvalho, a espécie dominante.

choupos Ele é um álamo cujas flores formam longos amentilhos. O nome francês da árvore é *tremble*, o que se deve ao fato de suas folhas farfalharem diante da menor brisa, pois são redondas, de bordas onduladas e presas por um longo pecíolo achatado. A casca é lisa e de cor cinza, mas vai sendo marcada por pequenas cavidades negras em forma de diamante, que convergem e se transformam em fendas. Os choupos crescem rapidamente, mas não têm vida longa. Eles se desenvolvem bem em terrenos baixos e em altitudes mais

elevadas, desde que tenham luz suficiente. Em florestas, tendem a ser encontrados perto das bordas, que eles colonizam, lançando brotos. Em certa época, os choupos foram plantados às margens de estradas na Europa (acima, na Baviera) para atuarem como quebra-ventos, e nos primórdios dos conjuntos habitacionais com prédios altos eram usados para amenizar o ambiente, mas hoje raramente são cultivados nesses locais, pois seus grãos de pólen são alergênicos. A madeira do choupo é usada na produção de fósforos e guardanapos de papel.

faias

A faia se originou na Europa Central. Frequentemente associada ao carvalho, ela é uma das principais presenças nas florestas temperadas e é relativamente indiferente à natureza do solo. Essa árvore aprecia a sombra e pode ultrapassar os 30m de altura. Sua folhagem densa forma uma imponente copa em cúpula que filtra a luz e limita o desenvolvimento da vegetação rasteira. Seja qual for a espécie de faia, sua casca fina, de um tom cinza aristocrático, permanece lisa mesmo quando a árvore já atingiu a maturidade. A faia cresce devagar, mas pode viver por 300 anos. Esquilos, javalis e até mesmo humanos curiosos apreciam suas folhas novas (que têm sabor de nozes), e seus frutos podem ser consumidos assados, como acompanhamento de drinques antes do jantar. A faia-anã (vista aqui, à esquerda, na floresta de Verzy, em Champagne, na França), também conhecida como faia-torcida ou guarda-sol, possui tronco e galhos espantosamente retorcidos.

bordos

A família dos bordos (que abrange o gênero *Acer*) possui mais de cem espécies. As folhas palmiformes e pontiagudas são identificadores comuns dos bordos, assim como os frutos compostos de duas sementes com uma asa de cada lado (os "helicópteros" tão apreciados pelas crianças). É do bordo-açucareiro *(Acer saccharum)*, cujas tonalidades carmins iluminam as florestas de Québec no outono (à esquerda), a folha vermelha que adorna a bandeira nacional do Canadá. Sua seiva em estado natural é colhida no final do inverno e convertida em um delicioso xarope. Em outros lugares do mundo, muitos japoneses caminham pelas margens de rios, em parques e colinas, pelo simples prazer de admirar a beleza fugaz do bordo-japonês *(Acer palmatum)*, com suas folhas palmiformes roxas; essa tradição é conhecida como *momijigari* (literalmente, "caça ao bordo").

cerejeiras japonesas em flor

Existem centenas de variedades de cerejeiras que florescem no Japão (*sakura*, em japonês), uma pequena árvore ornamental pertencente ao gênero *Prunus*, que faz parte da família *Rosaceae*. A partir dos primeiros dias de tempo bom em abril, seus ramos, com casca marrom avermelhada, ficam carregados de flores brancas ou rosa. É quando os japoneses celebram o *hanami* ("visitação das flores"): o florescer das cerejeiras representa a primavera, com o retorno da vida em toda a sua beleza. Mas esse é um fenômeno passageiro, e a natureza fugaz dessa glória é um dos aspectos contemplados por todos os que se reúnem diante das árvores. O hábito do *hanami* data do século VIII e parece ter sido vinculado originalmente ao simbolismo budista e à casta dos guerreiros samurais, para os quais a perfeição, o desapego e a transitoriedade da vida andavam de mãos dadas. Ainda hoje, durante a floração, milhares de pessoas se reúnem em Tóquio todas as noites para comer, beber e conversar sob as 1.100 cerejeiras do Parque Ueno.

árvores não lenhosas

///

Muitas plantas altas e delgadas, com copas frondosas e troncos de diâmetros variados, são na realidade árvores específicas. De acordo com a classificação botânica, monocotiledôneas (sua semente possui um único cotilédone) são as plantas cujos troncos não ficam espessos porque, a rigor, não produzem madeira. Alguns desses gêneros, como a *Yucca*, a *Dracaena* e o *Aloe*, possuem um tronco grande chamado estipe, do qual podem nascer ramos. Outras monocotiledôneas, como os bambus, crescem como árvores perenes: a parte subterrânea de seu caule, o rizoma, emite caules ocos acima da terra, os colmos, que podem ser muito grandes e robustos. Quanto aos fetos arborescentes, trata-se de formas de vida vegetal muito antigas, que não se reproduzem por meio de sementes, mas por esporos. Suas folhas, chamadas frondes, têm a aparência de báculos, os quais se desenrolam à medida que se expandem, e um entrelaçado lenhoso de raízes recobre e sustenta seus estipes. A maior concentração dessas plantas no mundo encontra-se na floresta amazônica – um paraíso verde, de vegetação com folhagem normalmente persistente, cuja densidade e exuberância denotam um ecossistema de riqueza incrível.

POUCO MAIS DE 300 MILHÕES DE ANOS ATRÁS, AS FLORESTAS ERAM COMPOSTAS DE PRÉ-ÁRVORES, SAMAMBAIAS E CAULES HERBÁCEOS, COMO AS CAVALINHAS-GIGANTES, CUJOS CAULES PRINCIPAIS – CAPAZES DE CHEGAR A 30M DE ALTURA – ERAM CONSTITUÍDAS PELA SOBREPOSIÇÃO DE MATERIAL ESCAMOSO. DEPOIS SURGIRAM AS ÁRVORES DICOTILEDÔNEAS, QUE SE ADAPTARAM A AMBIENTES DIVERSOS. ENQUANTO ISSO, ESPÉCIES RARAS, COMO AS CICAS, PRESERVARAM SUAS CARACTERÍSTICAS ESPECÍFICAS.

///

A *Dracaena draco*, com sua copa de folhas espinhosas e retas, cresce nas Ilhas Canárias, da Espanha. Esse elemento do gênero *Dracaena*, com dimensões de árvore, produz uma seiva vermelha popularmente conhecida como sangue--de-dragão, com ecos míticos dos dinossauros. A seiva ou resina ainda é utilizada como verniz, incenso, remédio e tintura.

palmeiras As palmeiras pertencem à família *Arecaceae*. Existem cerca de 2.700 espécies. Sua aparência lembra majestosos espanadores que tocam o céu. O crescimento de uma palmeira se dá por meio do aparecimento sucessivo de novas folhas, a partir do palmito da planta, e o diâmetro de seu tronco não aumenta com a idade. Em termos botânicos, as palmeiras são consideradas mais próximas das gramíneas e das orquídeas do que dos carvalhos. Embora seja possível plantar palmeiras no

Mediterrâneo ou até mesmo em climas oceânicos ou marítimos brandos, elas são encontradas na natureza apenas nas regiões equatoriais ou subtropicais. A tamareira, por exemplo, cresce em geral no deserto, assinalando a presença de um oásis. As folhas das palmeiras ou são pinuladas, com folíolos dispostos em duas fileiras paralelas ou palmadas, ou seja, com lobos cujas nervuras centrais irradiam a partir de um ponto e são dispostos em formato de leque, como a palmeira sabal (acima).

cactos

Os cactos são plantas suculentas e com espinhos em abundância; estes, aliás, são comuns em quase todas as 3 mil espécies, entre as quais apenas uma não é nativa das Américas. A despeito de sua aparência hostil, os espinhos cumprem funções essenciais: proteger os cactos contra herbívoros, captar o orvalho e propagar sementes transportadas nos pelos de animais que esbarram neles. A maioria dos cactos possui uma forma atrofiada de folha, que os protege contra a perda excessiva de água – uma estratégia de sobrevivência da planta no ambiente árido em que ela é encontrada. O cacto saguaro (à esquerda) é nativo da região do deserto de Sonora, perto de Tucson, no Arizona (sua flor é o emblema vegetal do estado). Na primavera, pica-paus escavam abrigos nos saguaros para formar seus ninhos que, mais tarde, são abandonados para o uso de corujas e morcegos. Alguns espécimes de saguaro atingem 15m de altura e podem conter até 3 mil litros de água em seus troncos principais.

bambu

Com estrutura segmentada e tubular que lembra uma espinha dorsal humana, o bambu é uma fonte inesgotável de inspiração para pintores do Extremo Oriente desde a Antiguidade. Trata-se de uma gramínea que cresce em velocidade inacreditável: sob condições favoráveis, algumas espécies de bambu podem crescer 90cm por dia e em três meses atingir 30m, a altura de um edifício de dez andares. O bambu ainda é um recurso importante e incrivelmente versátil na China e no Japão, onde é utilizado para reforçar concreto, na construção de andaimes ou de pontes suspensas. Também pode ser usado para fabricar flautas, redes de pesca, tigelas de arroz ou hashis (palitinhos). Os brotos de bambu, ricos em potássio e vitamina A, fazem parte da dieta do leste da Ásia, e a planta também desempenha um papel na medicina tradicional. Thomas Edison usou bambu carbonizado no desenvolvimento do filamento de longa duração da lâmpada incandescente, nos anos 1880.

O bambu dourado (*Phyllostachys aurea*, à esquerda), nativo da China, é uma das mais de 1.300 espécies de bambu cadastradas.

frágil be

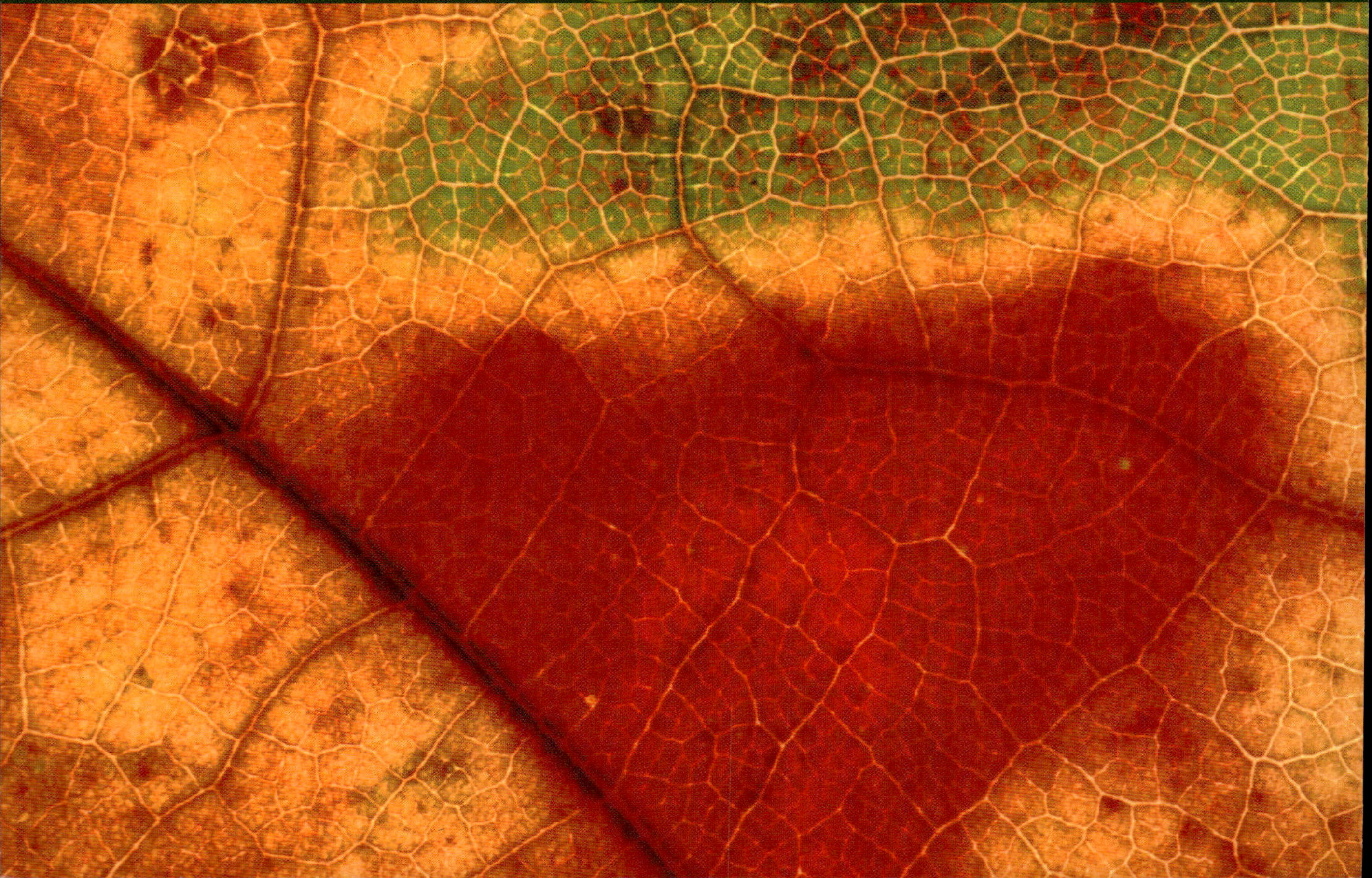

enfeitor

um frágil benfeitor 3

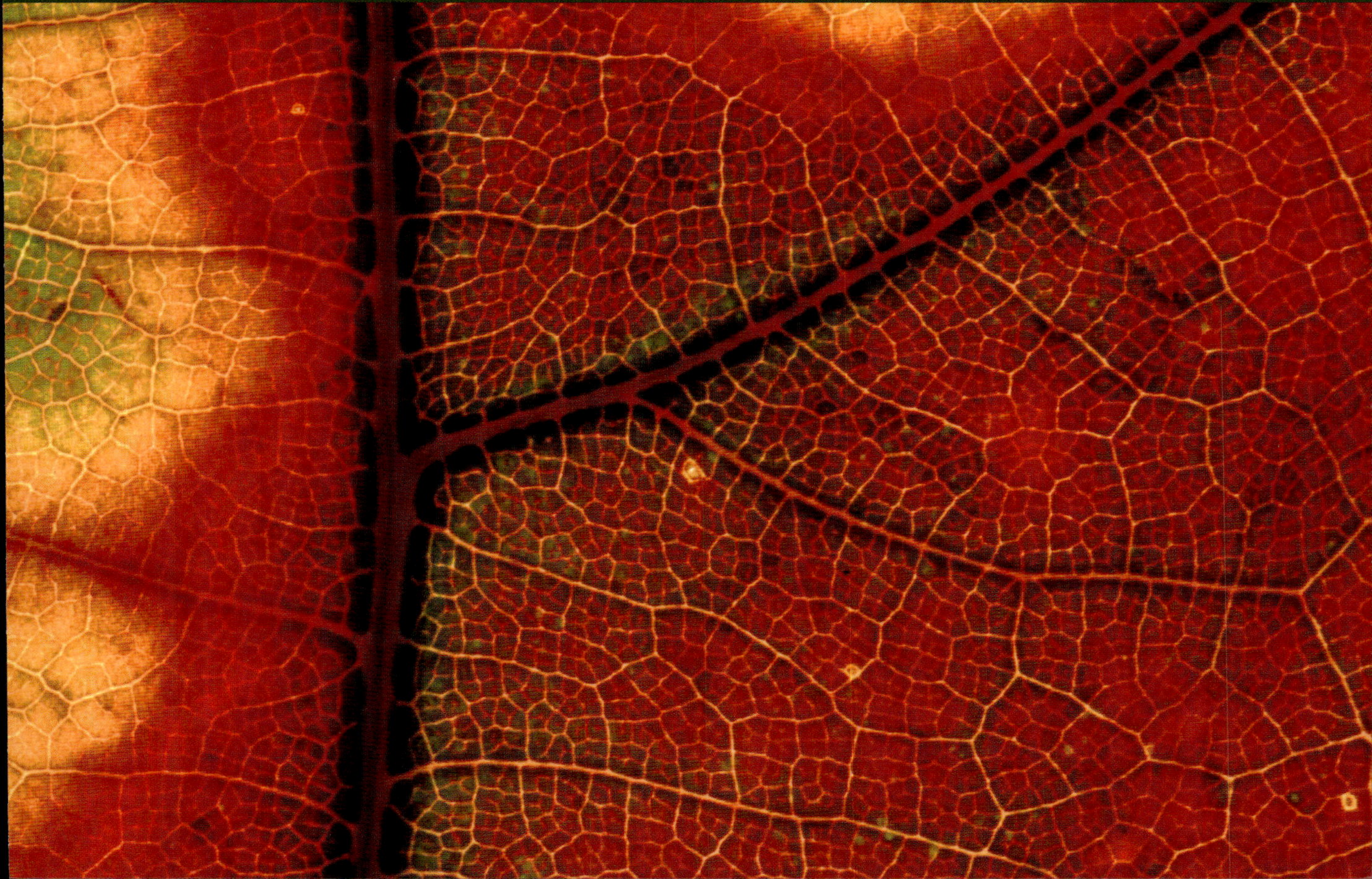

As crianças aprendem na escola que as árvores purificam o ar. Mais tarde descobrem que elas absorvem o dióxido de carbono e o transformam, beneficiando, assim, a humanidade – um atributo especialmente útil pelo fato de as sociedades industrializadas e com alta densidade demográfica emitirem esse gás em quantidade excessiva. Assim, as árvores ajudam a reparar o mal causado diariamente à atmosfera da Terra pela poluição provocada pelo homem e por outros fatores que fogem ao controle humano.

As árvores podem absorver metais e devolvê-los à terra transformados; podem refrescar e reciclar o ar; suas raízes são capazes de arejar e corrigir os solos. Porém, a poluição pode afetá-las: sua resistência a parasitas e insetos pode se reduzir, bem como a capacidade de realizar a fotossíntese. Algumas são mais resistentes que outras, como o ginkgo, a árvore que sobreviveu à radiação produzida pela bomba atômica em Hiroshima. Quais são, então, as chances de sobrevivência da árvore em sua batalha contra a poluição?

Diferentemente dos animais, as árvores não podem fugir dos perigos; por essa razão, acredita-se que tenham desenvolvido diversas defesas químicas para usar em vez da fuga, mas nossos conhecimentos nessa área ainda são incompletos. E elas não são os únicos organismos naturais capazes de realizar reparos: um pântano saudável, um estuário lodoso e lugares semelhantes podem suportar vegetação com produtividade semelhante à de muitas florestas.

A árvore vem resistindo a milhões de anos graças ao fato de ter evoluído em simbiose com o meio ambiente, modificando suas trocas com o meio que a cerca, quando e como se torna necessário. Vale acreditar que seus recursos ainda não se esgotaram.

as árvores e o planeta

///

Com sua incrível diversidade de espécies e sua espantosa capacidade de adaptação, as árvores contribuem para a redução do efeito estufa: as florestas em fase ativa trabalham para equilibrar a relação entre dióxido de carbono e oxigênio, regulando o clima e moderando os extremos de temperatura. Ao mesmo tempo, as árvores são filtros de água, por meio do ciclo contínuo de absorção e evapotranspiração, e também funcionam como quebra-vento e depósitos de carbono. Além disso, contribuem para o enriquecimento do solo, graças às folhas e aos materiais mortos que, como húmus, aumentam a fertilidade e a retenção de água no solo quando se decompõem. Através das raízes, elas fixam o terreno em que são plantadas; esse fato, somado à interceptação garantida pela folhagem, reduz a erosão. As árvores são ótimas gerenciadoras das trocas entre terra e céu. Mas, apesar de sua importância ímpar, esse recurso natural enfrenta sérias ameaças: as árvores vêm diminuindo em número em função de incêndios, chuva ácida, tempestades, avalanches e desmatamento ligados à ampliação da agricultura e ao consumo excessivo de madeira.

Em um esforço para evitar a catástrofe, medidas preventivas estão sendo adotadas por órgãos públicos e outras entidades, mas ainda são insuficientes. O descaso em relação às funções vitais cumpridas pelas árvores se deve à ignorância e à indiferença, mas qualquer desatenção com a proteção delas contribui para a degradação das condições de vida em nosso planeta.

AS FLORESTAS OCUPAM CERCA DE 30% DAS TERRAS EMERSAS DO PLANETA, OU SEJA, APROXIMADAMENTE 45 MILHÕES DE KM^2 DE UM TOTAL DE CERCA DE 149 MILHÕES DE KM^2. ELAS SÃO RECURSOS NATURAIS VITAIS PARA A REDUÇÃO DA POLUIÇÃO ATMOSFÉRICA E DO EFEITO ESTUFA. A GESTÃO DAS FLORESTAS É FEITA POR GRUPOS DIVERSOS, DESDE POVOS INDÍGENAS ATÉ CORPORAÇÕES INDUSTRIAIS, CUJA CONSCIÊNCIA E CUJOS INTERESSES E MÉTODOS TAMBÉM SÃO MUITO DIFERENTES.

///

A azinheira *(Quercus ilex)* é uma árvore perenifólia, nativa do Mediterrâneo ocidental. É conhecida, em inglês, também como *holly oak*, pois suas folhas se assemelham às do ílex *(holly)*. Durante séculos, a azinheira forneceu bolotas a porcos selvagens, como ainda faz no caso dos porcos ibéricos usados na produção do *jamón serrano*. Plínio e Virgílio escreveram sobre essa árvore, cujas folhas foram usadas na criação dos primeiros exemplares da *corona civica* (coroa cívica) da República romana.

um filtro verde para a atmosfera

Ao longo do seu período de crescimento – que pode ser mais longo ou mais curto, dependendo da classificação de perene ou decídua –, a árvore renova a atmosfera da Terra, captando dióxido de carbono, e refresca o ar graças à umidade que libera. Depois de serem absorvidos pela terra, volumes enormes de água são liberados por meio da transpiração. O volume dessa água, ou seja, a quantidade de umidade gerada (que pode ser medida por um higrômetro), depende da abundância e persistência da folhagem arbórea. As coníferas, especialmente quando plantadas de modo compacto e em plena maturidade, produzem nuvens espessas de neblina ao longo de todo o ano, conforme o que se vê aqui cobrindo a floresta costeira norueguesa (à esquerda). Essa condensação "prende" certos resíduos tóxicos, como o flúor e o chumbo, que são absorvidos e transformados pelas árvores.

Um hectare de árvores produz oxigênio suficiente para suprir as necessidades de 40 pessoas.

Meio hectare de árvores absorve 3,1 toneladas de dióxido de carbono por ano – em outras palavras, a quantidade de gás carbônico emitida por um carro que percorreu 16 mil km.

Uma árvore adulta, de altura mediana, produz cerca de 120kg de oxigênio por ano. O carbono representa 20% de seu peso.

clima Conforme a estação, seguindo seu ritmo interno, a árvore pode ser alternadamente ativa e inativa. Sob condições frias, sua vida se desacelera, protegida pelas escamas de suas gemas e pela sua casca. Ela enfrenta o frio, o calor, a chuva e o vento sem aquecimento ou ar-condicionado e suaviza seus efeitos segurando a neve sobre seus galhos desprotegidos, com folhagem invernal, atuando como freio para os ventos cortantes e como anteparo para proteger do frio das montanhas, além de refrescar e umedecer o ar graças à

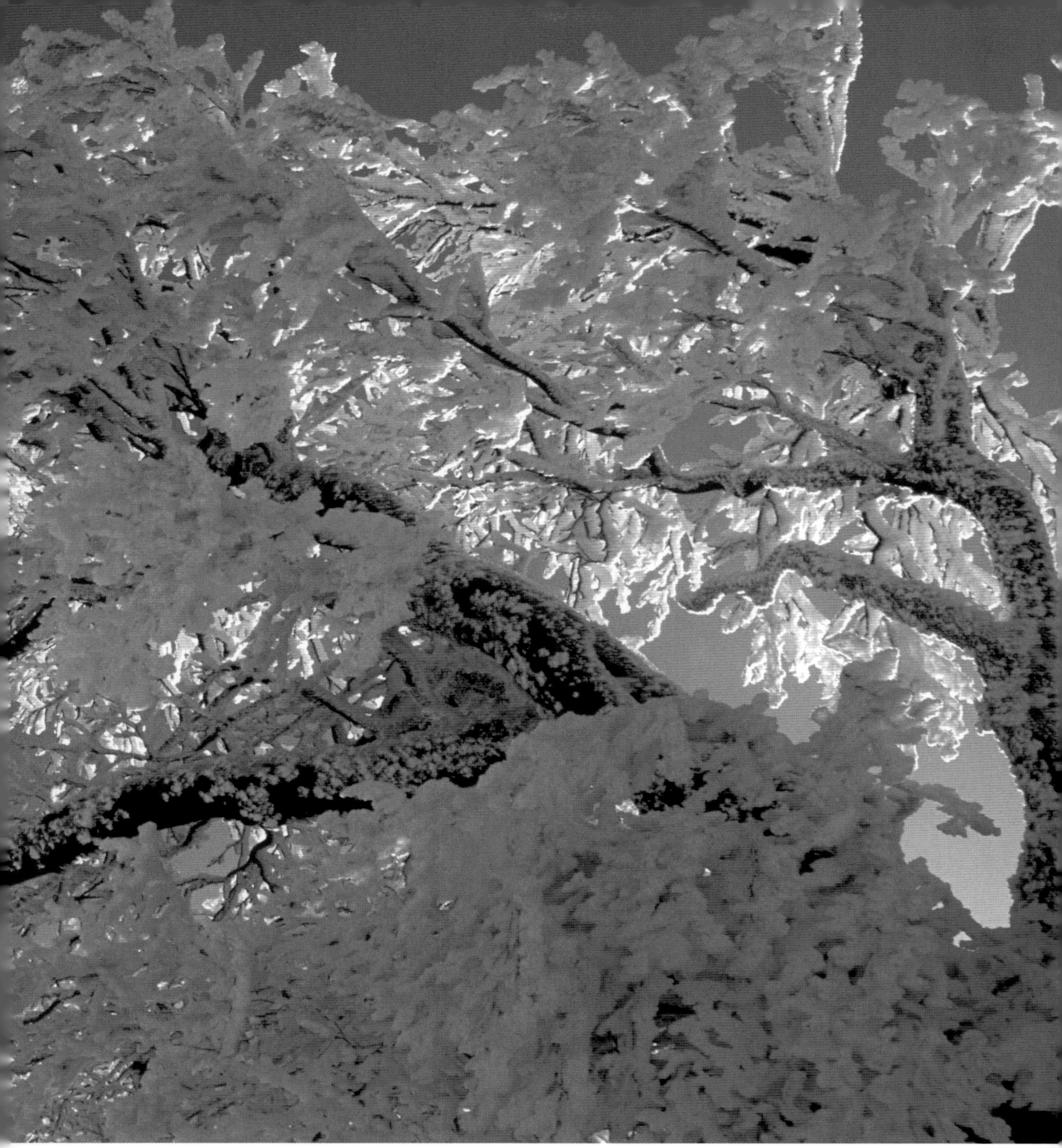

evaporação. Se o clima determina a distribuição e a vida das árvores, elas, por sua vez, exercem um papel na regulação do clima, local, regional e globalmente. Basta arrancar uma árvore grande próxima a uma casa para que o porão fique inundado; basta destruir uma floresta para que o equilíbrio meteorológico se desfaça. Um tronco de árvore é uma verdadeira "caixa-preta" de informações: com seus anéis de espessuras diferentes, pode revelar quando houve uma sequência de anos secos no passado e quando a precipitação foi abundante.

melhoria do solo

Por meio de sua rede de raízes, a árvore exerce um efeito de estabilização do solo em que é plantada, atributo que é muito precioso em terrenos íngremes ou sujeitos a movimentações. A árvore drena o terreno, às vezes retirando o excesso de umidade e facilitando o movimento da água sob a superfície. A folhagem e os galhos redistribuem as gotas de chuva e reduzem seu impacto sobre o solo. Folhas mortas (à esquerda) formam um tapete ao cair, protegendo a estrutura do solo abaixo, e a decomposição das folhas produz uma espécie de composto, rico em nutrientes. Assim, a terra nutre a árvore e esta, por sua vez, regenera o solo da floresta. Os detritos das folhas de certas árvores, como a *Sorbus aria*, o freixo, o amieiro e a bétula, são especialmente conhecidos por seus efeitos benéficos na prevenção da deterioração do solo. A madeira dessas árvores, no entanto, ainda não é muito bem aceita.

controle e purificação da água No Parque Nacional Lagos Plitvice, na Croácia, um Patrimônio Mundial da Unesco desde 1979, a combinação de terra, árvores e água cria um ambiente verde ideal. Nesta cena do parque (acima), pode-se captar a temperatura amena, os cheiros e os pequenos sons da vida. A água parece estar permanentemente lavando o solo e a vegetação. As árvores ajudam a purificar o lençol freático e filtram a água da chuva, capturando seus resíduos tóxicos e

reduzindo a poluição. A presença de árvores em número suficiente reduz a probabilidade de inundações, pois elas moderam os efeitos potencialmente devastadores das águas de tempestades, interceptando a chuva, facilitando a absorção da água pelo solo e reduzindo o volume que resta para ser escoado. Ursos-pardos e lobos ainda frequentam esta floresta primitiva, composta principalmente de faias e pinheiros.

as árvores e os animais

///

Cada floresta tem vida animal própria, e cada árvore tem suas categorias de habitantes. Embora as florestas sejam lugares de lazer e atividade para os humanos, elas são primordialmente ambientes naturais onde convivem animais silvestres de todos os tipos: ursos-pardos, alces, renas e grous-siberianos, no norte; tigres, jiboias, macacos e papagaios, nos trópicos; cervos, javalis, raposas, morcegos, bútios e guaxinins, nas regiões temperadas – e esses são apenas alguns exemplos da imensa variedade de aves, insetos e répteis aos quais a floresta garante alimento e abrigo. O húmus fervilha de minhocas e besouros; alguns mamíferos pisoteiam e escavam o solo da floresta em busca de larvas e sementes; outros consomem os frutos e as folhas tenras acessíveis e esfregam suas costas nos troncos. A casca das árvores é a seara dos insetos, enquanto os galhos abrigam ninhos, e lagartas e borboletas se banqueteiam ou repousam nas folhas. Apenas as aves e os escaladores ágeis alcançam as copas das árvores. Toda espécie encontra seu alimento na floresta – mesmo que isso implique devorarem-se umas às outras, pois a fauna das florestas é carnívora ou onívora. Mas a maioria dos animais contribui de alguma maneira para a regeneração da floresta, ao degradar materiais orgânicos, limitar o número de pragas, contribuir com os próprios excrementos férteis e transportar sementes e pólens. A essa vida de interdependência se dá o nome de "ecossistema".

O ORANGOTANGO DE BORNÉU E SUMATRA É UM MACACO ASIÁTICO ARBORÍCOLA (O NOME SIGNIFICA "HOMEM DA FLORESTA" EM MALAIO), COM LONGOS BRAÇOS E ARTELHOS PREÊNSEIS. PASSAM A VIDA INTEIRA NO DOSSEL FLORESTAL, ONDE NASCEM E SE ALIMENTAM. SÓ OS MACHOS DESCEM ATÉ O CHÃO. ACREDITA-SE QUE OS ORANGOTANGOS POSSAM DESAPARECER DE BORNÉU ATÉ 2020, VÍTIMAS DA DESTRUIÇÃO DE SEU HABITAT EM DECORRÊNCIA DA EXTRAÇÃO ILEGAL DE MADEIRA, DA CONVERSÃO DA FLORESTA TROPICAL DA ILHA EM PLANTAÇÕES DE DENDÊ E DAS QUEIMADAS PROVOCADAS COM O INTUITO DE "LIMPAR" A ÁREA.

///

Na primavera, quando as folhas rebrotam, o macho do veado-vermelho perde sua galhada, que voltará a crescer no outono, durante a temporada do cio. Depois de copular com uma corça, esse símbolo das grandes florestas de folhas largas passa a viver em bandos de machos ou solitário.

na copa das árvores

Estes pequenos mamíferos, que são capazes de escalar as árvores agilmente e saltar em meio à folhagem – sobre duas patas (os macacos) ou sobre quatro (os esquilos) –, geralmente possuem uma cauda que os ajuda a manter o equilíbrio. As caudas também podem ser usadas para afastar os predadores, mas o macaco *Piliocolobus* de Zamzibar (à esquerda, na floresta de Jozani, situada no Parque Nacional Jozani-Chakwa Bay) possui uma arma dissuasiva adicional, sob a forma de seu forte odor corporal. Essa espécie de *Piliocolobus*, endêmica de Zanzibar, tem a cara preta contornada de longos pelos brancos; a cauda é mais longa que o corpo, podendo chegar a 80cm. Sua dieta vegetariana consiste de brotos, sementes e frutas verdes, e boa parte de seu tempo é gasta na busca e no consumo de alimentos, o que é feito em grupos, e depois descansa entre uma refeição e outra. Após se alimentarem, são igualmente dóceis os animais caçadores, como estes leões (pp. seguintes) no Parque Nacional Lago Manyara, na Tanzânia, que frequentemente são encontrados sentados em velhas acácias para digerir, em paz, suas presas.

ninhos O pica-pau da floresta (acima, um pica-pau-negro na floresta das montanhas do Vosges, na França) sempre teve uma relação amigável com as árvores. A madeira de muitas delas, como as faias, os carvalhos e as tílias, frequentemente fica danificada e se decompõe, devido a infestações por insetos ou fungos. De certo modo, o pica-pau faz as vezes do dentista, mantendo-a saudável em troca do direito de abrigar-se em seu tronco. O pica-pau é capaz de cobrir 300 hectares da floresta em busca de insetos e bagas, e durante

essas investidas ele identifica os pontos fracos em árvores – o equivalente a cáries dentárias –, perfurando sua casca com o bico. A escavação da madeira danificada cria uma cavidade na qual ele faz seu ninho. Já os papa-figos (acima), nidificam no topo das árvores, em uma forquilha ou pendurados em um galho, usando materiais encontrados no chão (gravetos, fibras vegetais e capim). Embora o abrigo seja resistente, é usado apenas entre maio e agosto. Durante o resto do ano o pássaro prefere desfrutar o calor da África.

a árvore como fonte de alimento

O argão *(Argania spinosa)* é encontrado no sul do Marrocos e da Argélia; tem galhos espinhosos, folhas persistentes e pode chegar a 10m de altura. Seu fruto é semelhante a uma azeitona grande, mas pode ter até três caroços, que contêm grãos minúsculos, como amêndoas. Os povos berberes extraem o óleo do argão há séculos, assando os grãos. O óleo passou a ser muito mais conhecido nos últimos anos, sendo valorizado como alimento por sua riqueza em vitaminas e ácidos graxos, e, como cosmético, é usado para nutrir e hidratar a pele e o cabelo. As sementes podem ser usadas na culinária, acrescentando aos pratos um sabor interessante que lembra o da avelã. Os rebanhos não podem pastar em meio às árvores entre maio e agosto, quando os frutos amadurecem, mas depois disso as cabras mais destemidas e gulosas devoram os frutos diretamente das árvores, subindo nos galhos mais altos (à esquerda, no Marrocos) para comer os brotos e a polpa do fruto. Os caroços duros são expelidos pelas cabras, e os moradores da região os recolhem das fezes dos animais.

minifauna Embora a árvore seja muito bem equipada para realizar a fotossíntese, ela vive em simbiose com um exército quase invisível de ajudantes que lhe possibilitam extrair os sais minerais de que necessita. Essa população diminuta se ocupa cortando folhas e madeira em pedaços cada vez menores, enterrando-os no chão e degradando a matéria orgânica em partículas elementares, que só então tornam-se disponíveis para a árvore. Lagartas, larvas, ácaros, tatus-bola e minhocas fazem o trabalho pesado, ficando o

acabamento por conta de fungos, protozoários e bactérias. O escaravelho (acima) é uma espécie que se alimenta de madeira e habita árvores velhas, com frequência carvalhos, e exerce seu papel na gestão natural da floresta. A fêmea deposita seus ovos na casca, e as larvas escavam longos túneis pela casca, daí até o alburno. Esses túneis não apenas permitem que os escaravelhos nascidos tenham acesso ao ar livre como funcionam também como habitat ideal para alguns dos ajudantes microscópicos da árvore.

madeira morta

Animais de todos os tipos encontram abrigo em árvores mortas, como este mocho-galego (*Athene noctua*; à esquerda) que se abrigou em um tronco oco. Para as aves, árvores mortas contêm um estoque fantástico de presas minúsculas, como minhocas e larvas. Insetos consumidores de madeira (como o escaravelho p. 101), por sua vez, abrem túneis nas árvores, criando condições propícias para o crescimento de outras espécies, como invertebrados ou fungos, que podem encontrar abrigo na madeira, os quais vão ajudar na decomposição. De modo geral, é possível afirmar que cerca de 20% da fauna florestal depende, direta ou indiretamente, das árvores mortas. Administradores florestais contemporâneos entendem que é benéfico manter em pé ou empilhada certa proporção de madeira morta no perímetro da floresta, mesmo que a floresta esteja sendo explorada: isso significa que as cadeias alimentares entre os diversos participantes da "ecorreciclagem" do ambiente podem ser preservadas ou mesmo aprimoradas.

res e hu

manos

sobre árvores e humanos

4

O fim de todas as árvores jovens e saudáveis é formar florestas. Por meio da reprodução sexuada e da brotação, elas se multiplicam e colonizam o espaço em que crescem, ampliando seus limites. Assim, parecem representar uma riqueza inesgotável.

Os humanos começaram a explorar as árvores nos tempos neolíticos, usando-as para combustível, na construção, na farmacopeia e na alimentação. Na França do século XVII, sob a gestão do ministro das Finanças do rei Luís XIV, Jean-Baptiste Colbert, as pessoas começaram a preocupar-se com a possibilidade de as reservas florestais se esgotarem, e decidiu-se replantar árvores a fim de assegurar sua disponibilidade permanente. Hoje, nas regiões temperadas, a maior parte da madeira usada na indústria e na produção de celulose para papel vem de florestas manejadas.

Embora a floresta continue a ser um lugar para caminhar, colher alimentos, buscar lenha ou até mesmo caçar, esse aspecto perde espaço em comparação com os lucros a serem gerados por sua exploração, quer seja como proprietário privado ou como empresa internacional. As normas florestais são pouco implementadas em algumas partes do mundo. Quem não sabe que uma mesa de jardim, produzida em escala com uma madeira exótica, ajudou a colocar em risco um ecossistema do outro lado do mundo? As árvores sempre demonstraram a capacidade de adaptar-se para responder a mudanças graduais em seu meio ambiente, mas devemos lembrar que essas adaptações, até agora, sempre se deram no decorrer de longos intervalos de tempo. Hoje, porém, mais e mais pessoas se perguntam se as florestas serão capazes de resistir aos efeitos da voraz exploração comercial.

um recurso vital

///

Na época em que extensões imensas da Terra eram cobertas por florestas, os primeiros humanos usavam a madeira para fazer fogo a fim de obter luz, afastar predadores, cozinhar seus alimentos e se aquecer. Com a invenção do machado, a madeira passou a ser o material empregado na construção de moradias, e, mais tarde, nos meios de transporte, especialmente as embarcações. O surgimento da agricultura, no período neolítico, levou às primeiras derrubadas de mata para o cultivo da terra. Mas foi na Idade Média que surgiu o desmatamento em escala maciça, para suprir as necessidades de forjas, produção de vidro e salinas. A madeira, o carvão vegetal e a turfa foram durante muito tempo os únicos combustíveis, antes da utilização do carvão mineral e do petróleo, comburentes fósseis gerados pela decomposição de florestas antigas. A madeira é menos usada hoje para aquecimento, mas ainda representa entre 50% e 70% da energia consumida nas áreas rurais mais pobres do mundo. Desde o berço até o túmulo, as pessoas se beneficiam das dádivas da natureza que vêm da árvore, sem pensar duas vezes sobre isso: desde as escadas até o jornal cujas páginas folheamos (observe a palavra "folhear"), sentados numa poltrona diante de uma lareira acesa, tomando uma xícara de chá. E, se querem fazer um desenho ou anotar uma ideia, pegam um lápis e uma folha de papel – todos feitos de madeira.

MADEIRA DE BAIXA QUALIDADE DESTINADA PARA PALETES, CAIXOTES OU FÓSFOROS, A MAIS ACABADA PARA LÁPIS, UTENSÍLIOS DE COZINHA E BRINQUEDOS, AS NOBRES PARA INSTRUMENTOS MUSICAIS E MARCHETARIA, UMA RICA PALETA DE TONS E TEXTURAS PARA MÓVEIS. "RIJO COMO O CARVALHO", "CARA DE PAU", "VESTIR PALETÓ DE MADEIRA", "BATER NA MADEIRA" – POUCOS MATERIAIS TÊM PRESENÇA TÃO GRANDE QUANTO A MADEIRA EM NOSSO COTIDIANO E EM NOSSA LINGUAGEM.

///

Toras de madeira flutuando em rios (à esquerda, vista da atividade na Malásia) é uma das maneiras mais antigas de transportar madeira de seus locais de produção até os lugares onde será utilizada. Mas, quando se desconfia que as toras sejam fruto do desmatamento ilegal, a visão da madeira boiando é motivo de preocupação.

madeira

De onde vêm os desenhos presentes nas tábuas de assoalho ou de móveis, desenhos esses pelos quais é possível identificar uma madeira específica? Quando um tronco de árvore é cortado enviesado, revela os anéis concêntricos que representam as camadas sucessivas de madeira formadas a cada ano. Certos pedaços, como o cepo de corte do açougueiro, têm a superfície cortada contra o veio da madeira, o que lhes possibilita resistir a choques repetidos. Quando o tronco é serrado longitudinalmente é que se manifestam as sutilezas de texturas e veios que são próprias de cada espécie. Como os círculos são mais ou menos regulares, as protuberâncias individuais se evidenciam, revelando a existência de um galho, de um período de seca e assim por diante. Quanto à cor, quando ela não assinala a presença de bactérias ou fungos – ambos conferem cores fortes –, é resultante de uma alquimia entre as células da árvore, o solo e a atmosfera.

construções de madeira

Há milênios a madeira vem sendo o material básico usado na construção de habitações. Como recurso renovável, ela ainda é essencial para o setor da construção, utilizada na estrutura e também para o feitio de portas, esquadrias de janelas e persianas. Nos últimos anos, cada vez mais construções vêm recebendo acabamento de madeira, que possui propriedades de isolante térmico, além de conferir uma aparência agradável. Também se assiste a uma retomada do interesse pelas construções ecológicas, que podem ser bastante rústicas, feitas de toras, ou mais futuristas, construídas com painéis que contêm materiais isolantes modernos. A moda dos chalés de madeira e outros abrigos semelhantes, de localização escolhida a dedo, combina o charme com o respeito pelo meio ambiente – e, nas regiões temperadas, a madeira usada nessas estruturas hoje vem sobretudo de florestas manejadas. O Centro Cultural Jean-Marie Tjibaou (à esquerda), em Nouméa, Nova Caledônia, foi projetado por Renzo Piano entre 1995 e 1998 e erguido em madeira iroko e vidro, em um estilo nacional para evocar as cabanas tradicionais.

madeira para energia

As árvores derrubadas são usadas principalmente como combustível. Em 2008, a produção mundial de lenha para aquecimento alcançou cerca de 2 bilhões m³. Na Europa, os resíduos de serrarias, sob a forma de lascas, *pellets* ou serragem, frequentemente são usados como uma fonte eficiente de aquecimento comunitário. Fogões e fornos a lenha muitas vezes utilizam pequenas toras partidas ou, cada vez mais, madeira sob a forma de *pellets*. Toretes são reservados para lareiras tradicionais, onde ocupam lugar de destaque. Vale lembrar que a qualidade de um braseiro é determinada pelas espécies de árvores. A madeira de coníferas esquenta muito rapidamente, mas queima em pouco tempo. A madeira de lei queima mais devagar e proporciona calor excelente. A madeira da faia é ideal por suas chamas e brasas, e pelo perfume que exala, razão pela qual muitas vezes é utilizada para defumar alimentos. A madeira da castanheira precisa ser monitorada quando usada em lareiras, pois "espirra" enquanto queima, bem como o abeto-falso, que emite chuvas de faíscas.

fonte de alimento

Frutos e sementes (nozes, avelãs, amêndoas e assim por diante) que os humanos antigos colhiam das árvores para a subsistência, hoje fazem parte de um comércio global. As regiões frias ou temperadas estão associadas a vários tipos de nozes ou castanhas (à esquerda, nozes-pecã), ao lado de frutos como ameixas, maçãs e peras; as regiões tropicais têm manga, banana, coco e tâmara, e as regiões intermediárias, frutas cítricas, pêssego, damasco e figo. A variedade de frutas ditas "locais" nas regiões temperadas vem diminuindo e, ao mesmo tempo, a produção de frutas vem sendo industrializada, com pomares que muitas vezes se estendem a perder de vista (nogueiras, pp. seguintes). Geralmente ricas em pigmentos, fibras e vitaminas, as frutas nem sempre são macias e doces: os frutos do cacaueiro e do cafeeiro produzem bebidas amargas, assim como são as azeitonas; ou elas são prensadas para a extração do azeite, ou fermentadas, curtidas e conservadas para tornarem-se palatáveis.

fonte de medicamentos

No Egito Antigo, decocções de folhas de salgueiro (*salix*, em latim) eram usadas para curar dores e febres. Hoje, sua casca é a fonte do ácido salicílico, o componente principal do ácido acetilsalicílico sintético, mais conhecido como aspirina. Quase 2 mil espécies arbóreas eram usadas na farmocopeia tradicional, a precursora da indústria farmacêutica.

A fitoterapia é a forma moderna da medicina à base de ervas, dedicada ao estudo do uso de extratos e essências de origem natural, como as árvores. A cinchona, por exemplo, produz o quinino, um remédio específico para a malária; a ameixeira-do-japão é conhecida por suas propriedades antibacterianas, e as folhas do eucalipto são usadas para tratar resfriados, bronquite e asma.

O *Ginkgo biloba* (à esquerda) é o único sobrevivente de uma família que floresceu 200 milhões de anos atrás no Extremo Oriente e foi preservada por monges chineses que o prezavam por suas propriedades benéficas: as folhas em formato de leque e as cerejas das árvores femininas estimulam a circulação sanguínea e são usadas no combate à perda de memória e à senilidade.

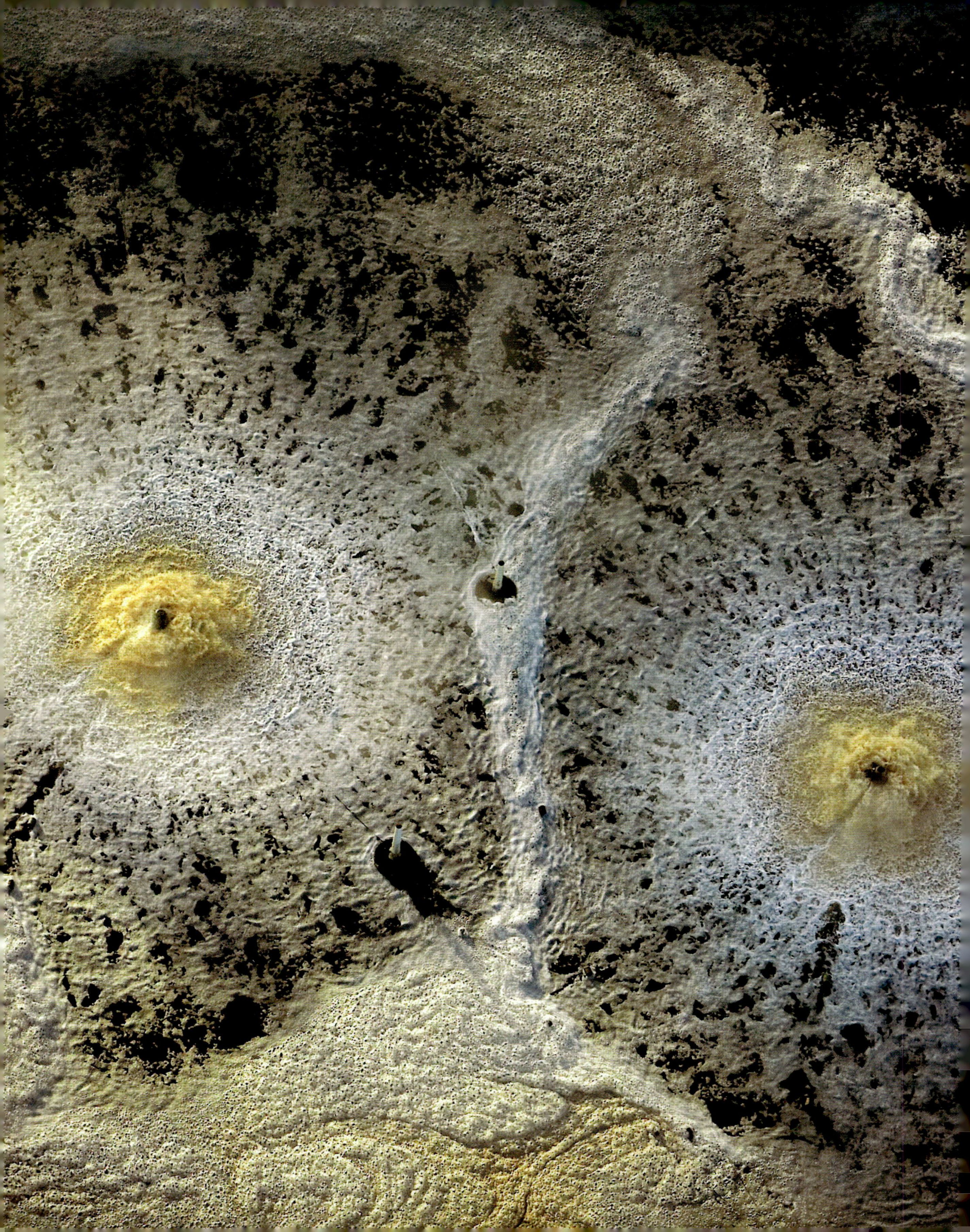

celulose para o papel

Inventado na China do século II, o papel foi produzido originalmente de uma polpa feita de casca de amoreira ou bambu. Chegou ao Ocidente no século VII, através da Pérsia e da Arábia. Na Europa eram usados trapos na manufatura do papel, até que a polpa de madeira inaugurou a era do papel produzido industrialmente, no século XIX. Nesse processo, moedores reduzem a madeira a lascas e em seguida fibras, que são umedecidas para produzir a polpa; esta é colocada sobre uma peneira metálica para escorrer a água. Em seguida, a polpa é passada por cilindros, que a prensam e secam. Para branquear o papel, os químicos aperfeiçoaram banhos ácidos que eliminam a hemicelulose e a lignina da fibra da madeira, preservando apenas a celulose (à esquerda, polpa de papel em tratamento em uma fábrica sueca). Hoje, em função de preocupações ambientais, os dejetos da produção, repletos de resíduos organoclorados, frequentemente são submetidos a um processo de filtragem biológica. Para reduzir o desmatamento, os fabricantes de papel vêm recorrendo mais e mais à reciclagem. Atualmente, boa parte da produção é oriunda da reciclagem.

produtos naturais Além da madeira, mais de 5 mil produtos naturais derivam da árvore: fibras de ráfia, taninos e conservantes do carvalho e da nogueira, rolhas (acima) e revestimentos feitos com a cortiça do sobreiro, resinas, terebintina, óleos essenciais usados em cosméticos e aromaterapia, e muito mais. Em 1730, nas proximidades de Quito (Equador), o naturalista francês Charles Marie da la Condamine tornou-se o primeiro ocidental a conhecer uma substância esbranquiçada extraída pelos indígenas de uma árvore

(na língua quéchua, *cahutchu*, ou "lágrima da árvore") pertencente ao gênero *Hevea*, mais conhecida hoje como seringueira ou árvore--da-borracha. Para extrair esse "liqueur" (em latim, *latex*) da *Hevea brasiliensis* (acima), é feito um corte em espiral no tronco, e a seiva é colhida. A seringueira é encontrada principalmente na Amazônia e em grandes plantações no sudeste da Ásia. Cerca de 10 milhões de toneladas de borracha natural são desenvolvidas anualmente a partir do látex. Quase toda essa produção (95%) tem origem na Ásia.

O setor madeireiro gera mais empregos que a indústria automobilística.

Afiador de serras – arboricultor – artesão de parquete – botânico – carpinteiro – carvoeiro – coletor de sementes – comerciante de madeira – comerciante de sistemas de aquecimento a lenha – construtor de barcos– construtor de casas de madeira – cortador de ripas – engenheiro florestal – especialista em folhagens – especialista em madeira – especialista em uso do solo – fabricante de baús – fabricante de papel – fabricante de assoalhos – fabricante de rolhas de cortiça – fabricante de tamancos – guarda florestal – guarda-caça – lenhador – luthier – madeireiro – marceneiro – marcheteiro – operador de máquinas florestais – paisagista –podador de árvores – serrador – silvicultor – taqueiro – técnico em manejo florestal – telhador – torneador de cachimbo – transportador de toras – vendedor de madeira bruta – viveirista de árvores – xilogravurista...

estímulo ao bem-estar

///

Muitas expressões, como "elevado", "enraizado", "sólido", "fresco", "florescente", "renascido", entre outras, podem ser aplicadas tanto a pessoas quanto a árvores – um indicativo da forte afinidade que os homens sentem com as árvores, organismos benignos que nos protegem e promovem nossa paz de espírito. As florestas são lugares onde podemos voltar a entrar em contato com nosso eu interior, caminhar sobre solo macio, aspirar aromas naturais, saborear frutos, ouvir as folhas farfalhando. Todos os nossos sentidos se despertam à luz amena da floresta, e o estresse se derrete como neve sob o sol. De quando em quando, a tranquilidade pode ser perturbada por disparos, o rugir de uma serra elétrica ou o grito de uma ave alçando voo depois de se assustar, mas as árvores possuem poder tão grande de nos tranquilizar que, séculos depois de as termos cortado para usar seu espaço, nós as replantamos nas cidades, ao longo de ruas e avenidas, em pátios escolares, parques e jardins. O fato de, nos ambientes urbanos, elas geralmente não serem cultivadas por sua madeira ou seus frutos têm pouca importância: o efeito regenerador que exercem nos locais onde crescem e sobre a atmosfera é acompanhado por seu efeito benéfico sobre nossa psique e nosso sistema nervoso. Algumas civilizações que não chegaram a se distanciar tanto da natureza chegam a enxergar as árvores como obras de arte. Essa convicção vem ganhando espaço no mundo desenvolvido, resultando em estratégias de vários tipos para plantá-las por prazer, isoladas ou reunidas a outras, em um ambiente especialmente projetado para elas – mesmo árvores miniaturizadas (bonsais), o refinamento supremo.

///

Calmo e perfeitamente estável, o homem que pratica seus movimentos de tai chi chuan (p. ao lado) sob as árvores de um parque adotou a postura "agulha no fundo do mar". As sequências de movimentos que ele realiza têm nomes pitorescos como "repelir o macaco", "separar a crina do cavalo" e "pássaro em voo oblíquo".

lugares de descanso e prazer Quando penetramos em uma floresta, testemunhamos mudanças na luz e no som: há o contato macio com musgos, relva e folhas, galhos pequenos que estalam sob nossos pés, o cheiro do húmus e outros aromas da estação. Tudo isso afeta nosso cérebro de maneira misteriosa, produzindo uma cascata de reações físicas, sensoriais e mentais. Um passeio dominical na floresta ou no parque com a família pode ser uma oportunidade para falar da natureza

para as novas gerações ou fazer um piquenique e uma brincadeira de esconde-esconde. Sozinho na mata, você pode perder-se em fantasias enquanto perambula. Ou, talvez, você se imagine tendo uma ligação mais primitiva com as árvores, saltando alegremente entre elas como um esquilo – algo que é possibilitado por caminhos e escorregadores especialmente projetados no dossel arbóreo – ou, ainda, tendo uma experiência prática por meio da atividade cada vez mais popular da escalada recreativa do arvorismo.

luz e sombra

Cidades enfeitadas com plátanos, linhas duplas de álamos nas margens das estradas da Europa, bosques de eucaliptos pontilhando as rodovias da Califórnia, cercas vivas no campo, pérgulas em jardins particulares e longos caminhos ladeados por árvores que formam uma cobertura em propriedades rurais maiores (como a Oak Alley Plantation, na Louisiana, à esquerda). Quer elas façam parte de um caminho tranquilo ou de uma avenida ou rodovia, as árvores marcam as rotas que atravessam a paisagem e fornecem a bem-vinda sombra para quem as percorre. Na Europa medieval, plantar árvores passou a ser uma necessidade econômica, devido à escassez de madeira gerada pelo desmatamento desregrado. Na Renascença, o uso artístico da perspectiva favoreceu os alinhamentos de árvores, que exibiam as construções no meio da paisagem natural. Tudo mudou com a chegada do automóvel, pois sair na estrada em alta velocidade e chocar-se com um tronco podia ser fatal. Com isso, o alargamento das vias, por segurança, foi responsável pela perda de muitas árvores, espectadoras imóveis à beira dos caminhos.

os pulmões da cidade Desde o século XVIII, as árvores contribuem como parte integrante de cidades grandes e pequenas, oferecendo ambientes agradáveis que convidam os habitantes urbanos a passear ou descansar em bancos à sombra. O inglês sir Ebenezer Howard (1850-1928) descreveu utopias verdes e harmoniosas em seu livro *Garden Cities of To-morrow* (1902), que influenciou o planejamento de muitas "cidades-jardins" e "cidades novas" em todo o mundo no século XX. Hoje a árvore é

vista como elemento essencial de paisagens urbanas, ao lado de casas, edifícios altos e arranha-céus. A fotossíntese e a transpiração delas tornam respirável o ar das cidades. As árvores criam um escudo que protege da poluição e mitiga o superaquecimento dos centros urbanos. O Central Park (acima) é um paraíso verde de 340 hectares inaugurado em 1859 no coração de Manhattan, em Nova York. Com seus olmos, carvalhos e ciprestes, o parque é a prova viva de que mesmo a mais agitada das cidades seria incompleta sem árvores.

parques e arboretos

Um parque reúne árvores e outras espécies vegetais em um espaço bem organizado, criando um ambiente propício para vários tipos de atividades de lazer. Um arboreto, com suas manchas densas e folhagens de muitas cores, é um lugar onde se plantam árvores com finalidade educacional ou recreativa. No passado, os parques do Velho Mundo eram reservados para as classes sociais mais altas, mas, com a chegada da industrialização e do desenvolvimento urbano, eles se tornaram mais inclusivos e passaram a cumprir uma função dupla: serem "pulmões verdes" e também espaços de lazer para os moradores das cidades, muitos dos quais haviam migrado do campo. Já os arboretos são "áreas florestais-planejadas" (uma espécie de observatório para monitorar o comportamento de espécies climatizadas), "coleções" (onde se reúne grande número de espécies), "áreas paisagísticas" (para exibir um número limitado de espécies) ou "áreas de paisagismo" (onde a prioridade é criar um espaço estético). O arboreto público mais antigo da América do Norte é o Arnold Arboretum (à esquerda), fundado em 1872 na Universidade Harvard.

bonsai

Acredita-se que o cultivo de árvores em vasos tenha se originado há 4 mil anos no Egito, com a finalidade prática de facilitar seu transporte. Na China, sob a dinastia Han (206 a.C.-220 d.C.), paisagens em miniatura eram recriadas em vasos largos de cerâmica, incorporando lagos ou riachos, pedras e árvores de pequeno porte. Nos séculos VI e VII, monges budistas levaram essa moda ao Japão, onde ela ganhou o status de arte refinada, com normas próprias. A elite governante a praticava sob o nome de bonsai ("cultivo em um vaso pequeno"). Quando os galhos e raízes de uma árvore jovem são amarrados e podados meticulosamente, o crescimento dela é impedido de tal modo que se torna possível obter miniaturas idealizadas no estilo escolhido. O bonsai mais antigo do mundo é um *Pinus parviflora*, em Tóquio, que data de 1500. Este zimbro (à esquerda) segue o estilo moyogi, caracterizado por um tronco retorcido, com galhos voltados para baixo, formando copas em ângulo reto com o chão.

as florestas em perigo

///

A ideia de que as florestas correm perigo não é nova. Mas as árvores são um patrimônio renovável, e os Estados europeus modernos vêm procurando sistematizar a utilização de suas florestas e lançar programas de reflorestamento. A silvicultura, ou cultivo científico de florestas, surgiu no século XIX como resposta racional à necessidade de explorar nosso legado florestal; a disciplina apontou caminhos claros a serem seguidos, pelo menos nas regiões temperadas. Hoje, cerca de 10 milhões de km² de florestas manejadas ou criadas artificialmente são explorados, principalmente para a extração de madeira destinada à construção, e regenerados de modo sistemático. Mesmo assim, florestas em todo o mundo continuam a ser derrubadas para o uso do solo na agricultura, para a construção da infraestrutura de transportes ou para a exploração de determinadas espécies arbóreas, sem a preocupação de proteger o bem-estar futuro delas. Os perigos do desmatamento e as consequências dele para o meio ambiente são amplamente conhecidos desde os anos 1980. Assim, condições restritivas são impostas à manutenção e à reimplantação de florestas, entre elas o replantio de espaços desmatados e o estabelecimento de ciclos alternados, através do bom uso do manejo agroflorestal. O esforço mundial para impor controles constitui prova do desejo e da vontade de preservar um dos recursos naturais mais antigos de que a humanidade dispõe, e, por extensão, proteger o equilíbrio ecológico do planeta.

O MUNDO PARECE DIVIDIR-SE ENTRE AQUELES QUE DESTROEM SUAS FLORESTAS E AQUELES QUE AS PROTEGEM, SENDO QUE OS MAIORES DESTRUIDORES ENCONTRAM-SE EM PAÍSES SUBDESENVOLVIDOS. TODOS OS ANOS, PERDEM-SE 170 MIL KM² DE FLORESTA TROPICAL ÚMIDA. E, PARA AGRAVAR O DESASTRE ECOLÓGICO, MILHARES DE ESPÉCIES DE ÁRVORES ESTÃO SENDO EXTINTAS.

///

Visão terrível de uma paisagem florestal devastada pela avidez da humanidade por madeira, que coloca em risco recursos naturais essenciais. Em 2006, cerca de 45 milhões de km², ou seja, 30% da superfície das terras do planeta, estavam com cobertura florestal. Diariamente, perdem-se cerca de 360 km² de floresta.

desmatamento

As florestas do nosso planeta estão encolhendo. A cada dia o homem derruba árvores e consome madeira em um ritmo que supera a capacidade da Terra de repor o que se destruiu. Na última década, mais de 1,3 milhão de km² de florestas foram perdidos, ou seja, quase 3% de sua superfície total remanescente (mas cerca de metade dessa área foi replantada). O homem sempre derrubou árvores. Os desmatamentos iniciais foram feitos para desocupar terrenos para uso na agricultura. Mais tarde, florestas foram cortadas para suprir as necessidades das populações em crescimento e do desenvolvimento industrial inicial. Em seguida, a perda de árvores foi intensificada pelo consumo excessivo de papel e o desejo por madeiras exóticas, satisfeito com o corte raso de florestas. A América do Sul, o Sudeste Asiático e a Oceania são as regiões que vêm pagando o preço mais alto. No começo do novo milênio, a destruição de manguezais que atuavam como zona de proteção no delta do Irrawaddy, em Mianmar, uma região de baixada (nesta imagem de satélite, à esquerda), exacerbou os efeitos devastadores de ciclones e da erosão marinha.

a amazônia

A floresta amazônica estende-se por aproximadamente 6 milhões de km^2 e nove países, em especial o Brasil, país que abriga 60% de sua área. O clima quente e úmido e o enorme volume de água doce do rio Amazonas fizeram dela a região com a maior biodiversidade do mundo, com milhões de espécies de insetos, 1.500 espécies de aves e dezenas de milhares de espécies vegetais conhecidas; 1 hectare de floresta pode conter centenas de espécies de árvores. E, é claro, muitos povos indígenas vivem na região.

O cultivo intensivo da soja, a criação de gado, a extração de madeira e a derrubada ilegal de árvores com pouco respeito pelo meio ambiente, tudo isso pode significar que a floresta amazônica tenha perdido 260 mil km^2 de área, ou mais, na década passada. Os cientistas estão preocupados com o efeito disso sobre o clima do planeta. O destino da floresta amazônica está em grande parte nas mãos do governo brasileiro. Um fato encorajador é que há sinais de que o Programa de Áreas Protegidas da Amazônia (Arpa) – Amazon Protected Areas Program (Apap), em inglês – esteja ajudando a desacelerar a derrubada da floresta.

Em termos globais, a quantidade de papel e madeira não reciclados a cada ano seria suficiente para aquecer 50 milhões de casas durante vinte anos.

Metade da superfície das florestas do mundo já desapareceu por completo, e 80% das áreas remanescentes encontram-se seriamente degradadas.

Segundo dados da Bracelpa (Associação Brasileira de Celulose e Papel), em 2010, o consumo anual de papel para produção de jornais e revistas era de aproximadamente 995 mil toneladas no Brasil. Desse total, cerca de 20% foi reciclado. Toda a produção de celulose e papel no país provém de florestas plantadas para fins industriais, um recurso renovável.

manejo sustentável

Em 1990 os países do G7 propuseram uma convenção internacional para proteger as florestas. As boas intenções sempre tropeçam em obstáculos reais: soberania nacional, escassez de fontes alternativas de exportações dos países envolvidos, a força do comércio mundial (parte do qual é ilegal). Na ausência de um poder regulatório, a Organização das Nações Unidas para Agricultura e Alimentação (FAO) trabalha com países, organizações internacionais e não governamentais para promover o desenvolvimento florestal sustentável. Cada país, então, adota medidas, e um consenso se forma em favor de critérios comuns. Em 2005, quase 2,5 milhões de km^2 de floresta foram certificados, para protegê-los contra a exploração não sustentável. A possibilidade de rastrear a origem da madeira é uma ferramenta útil não apenas para os governos dos países produtores como para os consumidores nas nações importadoras. O desenvolvimento florestal sustentável é do interesse de todos. Aqui (à esquerda) um viveiro de coníferas do gênero *Pseudotsuga* é inspecionado; as mudas serão replantadas em áreas devastadas por incêndios.

s de insp

piração

fontes de inspiração 5

A transição do mundo rural para o urbano transformou a relação que o homem mantém com árvores e florestas. O que no passado era um contato físico diário passou a ser algo abstrato e metafísico. Curiosamente, porém, a árvore nunca deixou de ser um totem vivo, desempenhando duplo papel, ora de símbolo, ora de modelo de organização – quer seja na descrição, na interpretação ou no traçado de previsões, uma estrutura com raízes e partes que se abrem em ramos é usada em muitas esferas, desde a genealogia até a computação. Será que fazemos essas ligações apenas a partir da aparência externa da árvore ou existirá algum princípio de vida mais misterioso em ação?

Longe de estar limitada à mitologia antiga e às religiões ditas primitivas de lugares remotos do planeta, a ideia de que elas são sagradas está profundamente arraigada na cultura ocidental. Na Europa, no passado, as florestas eram locais de culto religioso. Com seus arcos e pilares de aparência arbórea, as catedrais góticas são provas adicionais dessa associação. A figura protetora da antiga árvore, imóvel e silenciosa, incorpora conhecimentos do passado, enquanto a natureza coletiva da mata evoca a memória de um todo que se perdeu. Indivíduos e sociedades precisam nutrir-se dos recursos das árvores para voltar a entrar em contato com seu eu interior. A floresta é o lugar ideal para buscar atingir a sabedoria poética atemporal, e terras ricas em cobertura arbórea compõem o pano de fundo de inúmeros contos e lendas, desde os de fadas dos irmãos Grimm até os épicos de J. R. R. Tolkien.

árvores sagradas

///

Nas chamadas religiões "primitivas", em que se acreditava que os fenômenos naturais tinham um mistério sagrado, as árvores, muitas vezes, eram vistas como poderosas intermediárias entre os humanos e o sobrenatural. Acredita-se que algumas delas são habitadas por espíritos que usam as raízes e galhos para manter contato com forças nas profundezas subterrâneas ou que fluem para a imensidão do céu. Não é a árvore em si que é cultuada, mas o poder que se manifesta através dela. Alguns tipos são vinculados a uma determinada divindade. Assim, a mitologia grega revestiu as videiras, a hera e os pinheiros com os atributos de Dionísio, deus dos prazeres terrenos. As religiões monoteístas são mais cautelosas com relação às árvores, embora estas, muitas vezes, sejam vistas como canais da vontade divina; portanto, dependendo de o desejo divino ser respeitado ou não, ela traz prosperidade ou punição. Muitos mitos fundadores são vinculados a determinadas árvores. No livro bíblico do Gênesis, a macieira (o gênero *Malus*, nome que em latim significa "mau") está ligada ao pecado original, a primeira condenação dos humanos por Deus. Depois de trair Jesus, Judas se enforcou em uma árvore pequena que, desde então, continuou a ser associada à sua infâmia, sendo conhecida como árvore-de-judas (ou olaia). No sétimo Paraíso do islã cresce a árvore celeste Tuba, cujos ramos recitam capítulos do Alcorão. Apenas os grandes místicos têm permissão para contemplá-la.

OS GREGOS DA ANTIGUIDADE ACREDITAVAM QUE CADA ÁRVORE, E EM ESPECIAL O CARVALHO, FOSSE HABITADA POR UMA HAMADRÍADE, UM TIPO DE DRÍADE (ESPÉCIE DE NINFA) QUE ESTAVA VINCULADA A UMA ÁRVORE, ENCARREGADA DE ZELAR POR ELA E QUE TAMBÉM PADECERIA COM A MORTE DA ÁRVORE. ASSIM, AS DRÍADAS E OS DEUSES PUNIAM OS MORTAIS QUE PREJUDICAVAM AS ÁRVORES. O PÁTIO DE MARLY, NO MUSEU DO LOUVRE, EM PARIS, EXIBE UMA ESTÁTUA DE MÁRMORE DE UMA DESSAS NINFAS DOS CARVALHOS.

///

Uma árvore queimada ou atingida por um raio evoca a cólera dos deuses. Em muitas partes do mundo, as pessoas hesitam em derrubar uma árvore queimada por acreditar que ela ainda possa renascer ou que um poder obscuro continua vivo em seu corpo carbonizado.

símbolo dos deuses

Em sua obra *História natural,* Plínio, o Velho, relatou um costume celta, celebrado aos pés de um carvalho, que envolvia druidas sacrificando dois touros brancos. Em seguida, um dos druidas escalava a árvore para colher visco com uma podadeira de ouro (embora botânicos observem que o visco não cresce sobre carvalhos). Essa árvore venerável, paradigma do poder e da longevidade, era símbolo dos deuses Zeus, Júpiter e Odin. O carvalho está presente nos relatos sobre muitas figuras lendárias e históricas, desde Robin Hood, que montou seu quartel-general ao pé de um carvalho na floresta de Sherwood, até o rei Carlos II da Inglaterra, que, derrotado na última batalha da Guerra Civil Inglesa, se escondeu em um carvalho. Há ainda associações marciais: suas folhas são parte importante das insígnias militares na Alemanha e nos Estados Unidos; na França, o mesmo ornato enfeita o quepe dos generais. A marcha oficial da Marinha Real britânica é a "Hearts of Oak" (Corações de Carvalho). A bolota, ou noz do carvalho, é um símbolo popular na cultura, um sinal de paciência e da força que se desenvolve ao longo do tempo.

a macieira original

No centro do jardim do Éden, Deus plantou "a árvore da vida" e "a árvore da ciência do bem e do mal". Ele ordenou ao homem: "Poderás comer do fruto de todas as árvores do jardim, mas da árvore do conhecimento do bem e do mal não deves comer; porque no dia em que dela comeres, morrerás" (Gênesis 2:16-7). Eva ainda não tinha sido criada a partir da costela de Adão quando esse aviso foi dado. A serpente a convenceu de que ela não morreria se comesse o fruto proibido, "... pois Deus bem sabe que, no dia em que dele comerdes, vossos olhos se abrirão e sereis como Deus, conhecedor do bem e do mal" (Gênesis 3:5). Quando Adão e Eva comeram o fruto, seus olhos foram abertos; eles enxergaram que estavam nus e se envergonharam. Encolerizado porque eles haviam desafiado Sua ordem e conquistado a capacidade de avaliação racional, Deus baniu o casal do Paraíso terrestre para lhes negar os frutos da "árvore da vida", que conferiria a vida eterna. Assim, as pessoas se tornaram mortais, e a existência humana passou a incluir a morte. Essa ideia de uma árvore sagrada que confere a vida eterna está em muitas das mitologias do mundo.

renascimento e luz

O ramo de oliveira tornou-se símbolo de paz e prosperidade, pois foi carregado no bico de uma pomba para mostrar a Noé que o dilúvio havia terminado. As oliveiras (à esquerda) têm vida longa e são cultivadas há milênios na região do Mediterrâneo, fornecendo alimento e azeite, utilizado na culinária e na iluminação. No Antigo Egito a técnica da extração do azeite das azeitonas era atribuída à deusa Ísis. Atena, a filha guerreira de Zeus, deu seu nome à capital da Grécia depois de plantar a árvore resistente nessa região. Com seus corpos reluzentes de azeite, os vencedores dos jogos promovidos em Olímpia recebiam coroas feitas com os ramos da oliveira. O azeite era considerado sagrado e, ainda hoje, é usado nas unções de alguns sacramentos judaicos e cristãos, como o batismo e a extrema-unção. A oliveira é mencionada várias vezes no Alcorão. Ela simboliza o eixo do mundo e o homem universal.

despertar espiritual

De acordo com as lendas budistas, a rainha Maya deu à luz Sidarta Gautama, que se tornaria o Buda, quando estava em pé, segurando o galho de uma árvore "shala" *(Shorea robusta)*. Enquanto ainda era um bodisatva, o jovem príncipe sentou-se sob uma figueira em Bodh Gaya e jurou permanecer meditando até alcançar a iluminação, como de fato aconteceu. Esta árvore, uma velha figueira sagrada *(Ficus religiosa)*, ainda é conhecida como "a árvore de Bodhi", e sua descendente direta em Bodh Gaya (nas proximidades de Patna, na moderna província de Bihar, Índia) é venerada pelos budistas até hoje. Muitos templos budistas têm uma figueira nos arredores, e os contornos de suas folhas, em forma de coração, às vezes são pintados sobre as paredes dos templos. O busto de Buda, feito de pedra, visto aqui (à esquerda), nas ruínas de um templo em Ayutthaya, na Tailândia central, foi envolvido pelas raízes de grandes figueiras-de-bengala. As ruínas do templo budista de Banteay Kdei (pp. seguintes), em Angkor, no Camboja, também foram invadidas por gigantescas raízes de figueiras.

o choupo-do--canadá

Todos os anos, no auge do verão, os índios americanos da região das Grandes Planícies da América do Norte celebram a dança do Sol. Segundo a tradição dos lakota, as pessoas oferecem como sacrifício uma dança que dura quatro dias e é realizada em volta de um poste feito de um tipo especial de álamo, o choupo-do-canadá (à esquerda). A árvore é escolhida com cuidado: ela precisa ser robusta e ter cerca de 10m de altura, com dois de seus galhos formando uma forquilha, como braços que se elevam para o céu. A cerimônia começa com uma menina dando uma machadada na árvore, fazendo com que cerca de 10 litros de seiva em estado natural escorram. Essa seiva é recolhida com cuidado, pois acredita-se que tenha propriedades curativas. Quando a árvore é cortada, homens a seguram para que os galhos não encostem no chão. Os ramos são removidos e as folhas são tiradas, de modo que restem apenas as que estão no alto dela. Em seguida, a árvore é fincada no centro do local da dança, em um buraco repleto de comida. Enfeitada com fitas coloridas e saquinhos de fumo, ela se torna a árvore da vida e o ponto central desse ritual coletivo.

era uma vez...

///

Para tornar o poder das árvores e das florestas acessível à imaginação, os humanos as encheram de seres semelhantes a eles, mas mágicos e diferentes ao mesmo tempo. Assim que se formaram as cidades e os vilarejos, os bosques densos e ameaçadores tornaram-se refúgios de marginais, desde assaltantes de beira de estrada até idealistas nobres e incompreendidos. Elfos, fadas, ogros, bruxas, gigantes e gnomos, todos eles já foram habitantes das florestas em contos e lendas de todo o mundo – às vezes ameaçadores, outras prestativos e bondosos, eles povoam mitos e fábulas muito antigos, expressando nossos mais profundos medos ocultos e esperanças escondidas, sendo tudo isso encenado contra o enigmático pano de fundo da floresta.

"ÁRVORES RELIGIOSAS, CARVALHOS, MUSGOS, FLORESTA/ FLORESTA! É NA SUA SOMBRA E NO SEU MISTÉRIO,/ É SOB SUA RAMA AUGUSTA E SOLITÁRIA,/ QUE EU QUERO PROTEGER MEU TÚMULO IGNORADO,/ E QUERO DEITAR NA HORA DO REPOUSO." [POEMA "AUX ARBRES", EM "LES CONTEMPLATIONS" (1856), VICTOR HUGO]."

///

Assim como a vara de aveleira indica a água subterrânea oculta a um adivinho, a silhueta dos galhos negros contra o céu enluarado é como caminhos que dão acesso à terra dos sonhos.

árvores assustadoras

Nos textos literários das escrituras hindus conhecidos como os upanixades há uma descrição da árvore cósmica eterna, Asvattha, com suas raízes que apontam para o céu e seus galhos crescendo para baixo e vicejando neste mundo, penetrando na terra.

Um componente da família das figueiras, a figueira-de-bengala ou *Ficus benghalensis* (à esquerda), emprega um modo incomum de reprodução e crescimento, que remete a esse relato. Suas sementes (geralmente dispersadas por pássaros) germinam sobre árvores hospedeiras, crescendo de modo epifítico (ao ar livre) e lançando raízes aéreas em direção ao solo. Quando as raízes alcançam a terra, implantam-se nela e cercam a árvore original, pressionando-a com tal força que a estrangulam. Quando a madeira da árvore hospedeira se decompõe, todos os resquícios dela desaparecem, com exceção dos sinais reveladores, que são os grandes buracos no centro da figueira asfixiadora.

derradeiras sobreviventes O baobá de Madagascar, conhecido no idioma malgaxe como *renala*, ou "mãe da floresta", é uma árvore de aparência estranha. Seu tronco liso e fálico pode chegar a 25m de altura e 10m de diâmetro, mas suas folhas são pequenas e esparsas. Resquício da primitiva floresta que recobria a ilha no passado, a chamada "avenida dos baobás", em Morondava (acima), sobreviveu graças à relutância dos habitantes locais em derrubar essas gigantes, muitas das quais com mais

de 800 anos. Mitos explicam que elas foram viradas de ponta-cabeça, de modo que suas raízes se agarraram ao céu e os galhos foram enterrados no chão, por obra de um deus, diabo ou hiena sobrenatural que teria ficado irado por estarem entre os últimos a chegar quando a Terra foi povoada. O tronco dilatado é um mecanismo para enfrentar a seca: ele é capaz de armazenar até 100 mil litros de água. Esponjoso, ele é coberto por uma casca fina que os elefantes sedentos penetram com suas presas para terem acesso à água.

espírito do salgueiro-chorão Nativo do norte da China, o salgueiro-chorão, ou salgueiro-da-babilônia *(Salix babylonica)*, é cultivado há milênios. Uma lenda japonesa conta que um homem aceitou um salgueiro-chorão de um vizinho que queria se livrar da árvore, pois pensava que fosse a fonte de todos os seus males. Tendo a replantado em seu quintal, o homem se surpreendeu quando, no dia seguinte, encontrou uma bela jovem trançando os ramos pendentes da árvore, como se

fossem seu cabelo. Eles se casaram e tiveram uma filha a quem deram o nome Yanagi, que significa "salgueiro". Um dia, porém, a árvore foi cortada para fornecer madeira para reparos em um templo. A esposa, que era a alma do chorão, morreu instantaneamente, e a árvore resistiu a todas as tentativas de tirá-la do lugar – até que a filha, falando com ela, agarrou um galho e a arrastou até o lugar onde sua madeira seria necessária. Jardins de salgueiros-chorões adornam a ponte das Pegas no Parque Rio Changpu, em Pequim (acima).

florestas encantadas

Os contos de fadas são canais que nos ligam ao elemento primitivo que permanece em todos nós, agradando as pessoas de todas as gerações e contendo todos os ingredientes necessários para que sejam manifestados terrores pavorosos ou alegres deleites, encontros improváveis ou finais felizes em que o herói ou a heroína são irrevogavelmente transformados. A semiescuridão, a luz filtrada, as árvores balançando ao vento, os misteriosos sons farfalhantes quando as folhas são pisoteadas, o aparecimento repentino de animais – tudo isso e mais aguarda aqueles que, como Branca de Neve ou Chapeuzinho Vermelho, se aventuram no ambiente dos bosques. O perigo está à espreita nas florestas dos contos de fadas, onde vivem seres lendários estranhos, dotados de poderes incríveis, e onde há obstáculos temíveis que precisam ser superados. Escritos por adultos para crianças, os contos de fadas são repletos de nostalgia pelo mundo mágico da imaginação infantil, em que qualquer situação pode ser revertida. A floresta é o lugar onde o real interage com o irreal.

no grande norte

Yggdrasil, o enorme freixo da mitologia escandinava, é o eixo do universo, a Árvore do Mundo que interliga os três níveis do cosmos viking: o mundo superior dos deuses e dos elfos da luz, em Asgard; os mundos médios da humanidade, dos anões e dos elfos das sombras, em Midgard; e dos gigantes, na montanhosa Jotunheim; e, finalmente, o subterrâneo, dos mortos, em Niflheim. Yggdrasil possui uma copa imensa, galhos abundantes e é vista como guardiã do planeta. Suas raízes, em Niflheim, são roídas continuamente pela monstruosa serpente Nidhogg e, desse modo, a árvore conhece os sofrimentos do universo. O nome Yggdrasil significa "o cavalo de Odin". Foi depois de o deus Odin ter se submetido por sua livre vontade à provação terrível de passar nove dias e noites pendurado aos galhos de Yggdrasil que lhe foi revelado o significado oculto das runas e que ele passou a dominar a escrita e a sabedoria oculta. Os freixos podem ficar excepcionalmente robustos; este exemplar, em Clapton Court, em Somerset (à esquerda), é o maior da Inglaterra, com 8,8m de circunferência e pode ter mais de 500 anos de idade.

árvores como símbolos

///

As árvores nos apresentam um modelo de organização e também da dinâmica da vida e da ação facilmente observável, do singular ao múltiplo e vice-versa. Suas radicelas se encontram e se fundem gradualmente, tornando-se raízes cada vez maiores, até formar um tronco, cuja altura não muda desde que a árvore se torna adulta, mas cujo diâmetro aumenta a cada ano. Em sua parte superior, o tronco se divide em galhos e ramos maiores e menores que sustentam folhas, flores e frutos, em uma abundância que se equipara à do sistema radicular. A árvore propicia associações positivas de solidez, longevidade e continuidade; ela reúne em um só organismo aspectos aparentemente incongruentes, como densidade e ausência de peso, escuridão e luz, e produz o efêmero e o perene. Para os humanistas da Renascença, ela era uma alegoria do aprendizado. Na era moderna, ela tornou-se um veiculo de informação, um quadro teórico ou gráfico que nos proporciona uma visão geral, além de nos oferecer os meios de navegar de um ramo ao outro. Desde as árvores genealógicas até os arquivos de computador com estrutura arbórea e as árvores de decisão, essas gigantes da natureza nos ajudam a mapear o passado ou planejar o futuro.

ÁRVORES QUE SÃO PLANTADAS PARA ASSINALAR O NASCIMENTO DE UMA CRIANÇA CELEBRAM O CRESCIMENTO E A VIDA; AS QUE SÃO PLANTADAS EM TÚMULOS, EM MEMÓRIA DOS MORTOS, NOS FAZEM RECORDAR QUE TUDO RETORNA À TERRA, ONDE SE TORNA FONTE DE VIDA NOVA.

///

Esta faia no meio da paisagem de floresta do País Basco, no extremo norte da Espanha, teve seu tronco cortado repetidas vezes na mesma altura e acabou ficando com um formato estranho. Para o povo basco, uma árvore (no caso, o carvalho) é o símbolo tradicional de sua liberdade.

harmonia social

Com suas conexões com a terra e o céu, a árvore representa um ambiente apropriado para a resolução de conflitos e a tomada de decisões justas. Na África, os camponeses tradicionalmente debatem seus problemas e projetos comunitários em "palavrórios" – reuniões promovidas debaixo de uma árvore, em que as questões são discutidas a fundo. É um costume que não morreu com a modernização da vida, embora hoje esses lugares sejam usados para finalidades educativas, por exemplo para que médicos possam explicar a utilidade de um remédio e as pessoas possam formular perguntas e expressar suas dúvidas.

A importância das árvores na identidade de alguns países levou à incorporação de árvores simbólicas em várias bandeiras nacionais. É o caso do bordo-de-folha-vermelha, para o Canadá; da sumaúma, para a Guiné Equatorial; e do cedro-do-líbano, para o Líbano (à esquerda).

tradição e modernidade

Alguns dias após o solstício de inverno, as festividades do Natal celebram o nascimento de Jesus, e em lares de todo o mundo costuma-se enfeitar uma árvore. No cristianismo ocidental, o nascimento de Cristo é comemorado liturgicamente no ciclo natalino, em 25 de dezembro. Antes do cristianismo houve muitas festas pagãs que celebravam o meio do inverno, incluindo uma em que druidas homenageavam uma árvore de folhas perenes em 24 de dezembro. No século VIII, São Bonifácio aventurou-se como missionário entre os povos germânicos. Diz a lenda que ele derrubou um carvalho que encontrou sendo adorado no solstício de inverno. Quando um abeto cresceu no lugar desse carvalho, os pagãos foram convertidos, e São Bonifácio pôde recomendar que um novo abeto, "a árvore do menino Jesus", fosse "plantada" no Natal. A tradição se mantém até hoje, usando variedades de coníferas escolhidas em função da resistência de suas acículas. A conífera do gênero *Pseudotsuga*, vista aqui na Floresta Nacional Olympic, no estado de Washington, nos EUA, é um dos tipos mais apreciados de árvores de Natal.

famílias

A genealogia ocupa posição de destaque em muitas tradições mitológicas e religiosas. A bíblica Árvore de Jessé descreve a ascendência de Jesus através da linha de Davi, rei de Israel. Mais tarde, a linhagem passou a ser usada para legitimar a continuidade do poder temporal de reis e imperadores, que reivindicavam seus direitos pelo fato de serem descendentes de um ancestral ilustre. Na árvore genealógica tradicional, o antepassado comum é o tronco, que se subdivide em quantos ramos quanto for o número de filhos, e esses se subdividem com cada geração. Diz-se, então, que a árvore é "descendente". Mas, se você quiser "buscar suas raízes" e descobrir seus ancestrais, o quadro se inverte: você se coloca na base e volta no tempo através de seus pais, depois dos pais deles, e assim por diante. Você vai acrescentando irmãos para adensar a folhagem e desenvolver sua árvore "ascendente" de acordo com uma progressão geométrica que será limitada apenas pela memória e pela disponibilidade de arquivos. A estrutura de uma árvore familiar é evocada com força especial por esta pereira em formato de leque (à esquerda) em Holkham Hall, Norfolk, Inglaterra.

a árvore humana

A árvore é usada como estrutura organizacional para explicar muitas coisas, desde o funcionamento interno do corpo humano até a classificação da vida na Terra. As *sefirot* da cabala, uma antiga tradição mística judaica, representam como uma "árvore da vida" os caminhos que interligam as emanações do universo manifesto. Esse sistema, que conecta o espírito e a matéria, é semelhante ao sistema indiano dos chacras, que interligam a estrutura do corpo humano à energia cósmica do universo. Algo mais palpável é a árvore brônquica do corpo humano – seu método de respiração, revelado através da dissecação, que agrupa toda a circulação do ar, desde a inspiração e da traqueia até os alvéolos dos pulmões; e então o caminho inverso, quando o ar já transmitiu oxigênio ao sangue e recebeu dióxido de carbono, até a expiração. (Esta acácia-da-namíbia, à esquerda, vista em silhueta, lembra um pulmão.) No nível microscópico, no interior do corpo, o nome "dendrito" se refere aos prolongamentos ramificados dos neurônios; o termo vem da palavra grega *dendron*, ou árvore.

GLOSSÁRIO

acícula Subtipo de folha linear que ocorre no gênero *Pinus*.

agrosilvicultura A forma de manejo florestal sustentável em que a extração de árvores se alterna ou é associada com a agricultura.

alburno A parte da árvore localizada entre o cerne e a casca, através da qual circula a seiva bruta.

amentilho Uma borla ou espiga de flores pequenas.

anel O crescimento de um ano de madeira no tronco da árvore. Possibilita o cálculo da idade da árvore.

angiosperma Planta cujas sementes fertilizadas ficam contidas em um fruto, diferente das gimnospermas, em que a semente fica exposta.

arboreto Jardim botânico especializado, composto de árvores, que pode ser uma "floresta planejada", uma "coleção" uma "temática" ou uma "área paisagística".

arboricultura O cultivo de árvores florestais chama-se silvicultura; o de frutíferas, fruticultura.

arbusto Planta lenhosa com caule ramificado desde a base, ao contrário de uma árvore, que possui um tronco único. Sua altura em geral não passa de 6-7m.

árvore de folhas largas Árvore pertencente ao grupo das angiospermas.

árvore veterana Árvore que, graças à sua idade avançada, faz parte do patrimônio histórico, cultural ou monumento natural.

brotamento Período durante o qual as gemas de uma árvore se abrem, deixando brotar os caules, as flores e os frutos.

broto Planta ou haste que nasce a partir de uma gema na raiz, no tronco ou no galho e se beneficia do alimento da árvore.

celulose Fibra encontrada principalmente na madeira e que é matéria-prima importante na fabricação da polpa para papel.

cepo A parte da árvore situada no nível do solo e das raízes.

clorofila Pigmento verde encontrado nas folhas; participa do processo da fotossíntese.

colo Área circular inferior de união do tronco com as raízes.

cone/pinha Fruto presente nas coníferas, onde assume duas formas: masculina e feminina. O cone masculino fornece o pólen que, depois de liberado, fertiliza o cone feminino.

conífera Árvore pertencente ao grupo das gimnospermas. Muitas delas possuem acículas, mas algumas, como o ginkgo ou o lárix, têm outros tipos de folhas.

copa Parte superior da árvore.

cotilédone Folha inicial no fruto de todas as árvores angiospérmicas.

cultivar Palavra que abrevia a expressão "variedade cultivada". Indica o conjunto de plantas, que se destacam pela sua importância.

decídua Diz-se de uma árvore cuja folhagem cai no outono, após um período de perda da coloração verde.

dendrocronologia Datação da tora pela contagem de anéis anuais da árvore.

dicotiledônea Planta que produz flores (angiosperma) e possui dois cotilédones (por exemplo: plantas e árvores de madeira dura, plantas anuais ou perenes).

disseminação Dispersão de sementes pela ação do vento, da água, de animais ou da própria planta.

ecossistema Todos os vários organismos vivos que dividem o mesmo espaço e interagem entre eles e com seu ambiente.

efeito estufa Aquecimento da atmosfera devido à presença de gases "de efeito estufa".

enfolhamento Fenômeno que ocorre no momento em que as folhas de uma árvore começam a crescer.

epífita Planta que cresce sobre outra árvore, sem tirar desta o alimento de que necessita; capta a umidade no ar, sem deitar raízes na terra. (A figueira-de-bengala é uma hemiepífita, pois, depois de certo tempo, suas raízes chegam até o chão e se enraizam).

esporo Estrutura unicelular de reprodução em plantas que não produzem flores e sementes.

estame O órgão masculino da flor.

estigma A parte feminina da flor, situada no final do pistilo, que recebe o pólen.

estilete Parte feminina da flor que liga o ovário ao estigma.

estipe Tronco das monocotiledôneas, que aumenta pelo acúmulo de fases sucessivas de crescimento.

evapotranspiração Fenômeno que envolve a evaporação da água diretamente do solo e também a perda de umidade da folhagem de árvores e outras plantas.

FAO Sigla da Organização das Nações Unidas para Agricultura e Alimentação, criada em 1945 em Québec, Canadá.

farmacopeia Catálogo de todos os medicamentos.

fitoterapia Medicina natural baseada na utilização de determinadas plantas.

floema Vasos através dos quais a seiva açucarada circula a partir das folhas, onde foi produzida, para a árvore inteira.

folículo Fruto seco composto de um carpelo simples, que se abre de um lado para permitir a saída das sementes.

folíolo Uma subdivisão da folha em uma folha composta.

fotossíntese Processo pelo qual as plantas captam energia luminosa e dióxido de carbono da atmosfera e água do solo, para produzir hidratos de carbono.

gema Estrutura resistente ao inverno e a partir da qual brotam galhos, folhas, frutos e flores.

gimnosperma Planta com sementes não contidas em um fruto, mas frequentemente abrigadas em cones.

Gramineae Planta monocotiledônea, quase sempre perene, com folhas compridas e inflorescência.

graveto Ramo fino já seco.

húmus A camada superior do solo formada pela decomposição de matéria orgânica.

inflorescência Um conjunto de flores nos ramos.

ligadura Constrição que impede o crescimento normal de uma árvore, usada frequentemente no cultivo de bonsais.

lignina Um dos principais componentes da madeira, ao lado da celulose e da hemicelulose.

Liliaceae Família de plantas com cormos ou rizomas (por exemplo: tulipa ou lírio-do-vale).

manejo agroflorestal Uma forma de manejo florestal sustentável em que a extração de árvores se alterna ou se mistura com a agricultura.

mergulhão Um novo indivíduo com potencial idêntico ao da árvore de origem, produzido quando os galhos inferiores de determinadas árvores tocam o chão e lançam raízes.

monocotiledônea Planta angiospérmica cujas sementes possuem apenas um cotilédone.

nervura Feixe de vasos na folha pelos quais circula a seiva.

pecíolo Parte da folha que a prende ao ramo.

pedúnculo Haste de um fruto ou flor.

persistente Diz-se da folhagem de uma planta que permanece verde o ano inteiro. As coníferas geralmente têm folhas persistentes (com exceção do *Ginkgo biloba* e do lárix).

pistilo Órgão feminino, composto pelo ovário, estilete e estigma.

pneumatóforo Raiz que cresce para fora do solo encharcado, em árvores específicas que são adaptadas a esse ambiente.

pólen Grãos fertilizadores masculinos que se formam na antera, a parte terminal do estame.

polinização Liberação dos grãos de pólen pelos estames e sua deposição sobre o estigma. Os óvulos são fertilizados através dos tubos de pólen que se formam a partir dos grãos, passando pelo estilete e chegando ao ovário. Em seguida, os óvulos se transformam em sementes.

radicela Ramificação da raiz principal.

ramo Diz-se da ramificação do caule que sustenta as folhas e flores.

rebento Ramo que surge nos troncos ou nos galhos "ladrões".

rebrota Brotos acumulados que aparecem na base do tronco depois de a árvore ter sido cortada ou mutilada.

resina Substância líquida, antisséptica e curativa contida na árvore.

seiva (ou seiva bruta) Líquido absorvido pelas raízes, constituído por água e sais minerais, que sobe até as extremidades superiores da planta sob influência da osmose, capilaridade e transpiração.

seiva elaborada Líquido produzido pelas folhas, no processo de fotossíntese e que volta para a planta toda.

silvicultura Conjunto de atividades que tratam do cultivo e exploração sistemática de florestas naturais e artificiais. Data do final do século XIX.

tala Constrição que impede o crescimento normal de uma árvore, usada frequentemente no cultivo de bonsais.

variedade Categoria de árvore que interessa à silvicultura.

xilema Canais que levam água e sais minerais das raízes para toda a árvore.

ÍNDICE

CRÉDITOS DAS FOTOS